Cornelia Wolf

Internationale Seekreuzfahrten. Angebote, Entwicklung, Probleme

GRIN Verlag

Bibliografische Information der Deutschen Nationalbibliothek:

Die Deutsche Bibliothek verzeichnet diese Publikation in der Deutschen Nationalbibliografie; detaillierte bibliografische Daten sind im Internet über http://dnb.d-nb.de/ abrufbar.

Impressum:

Druck und Bindung: Books on Demand GmbH, Norderstedt Germany
ISBN: 978-3-640-33162-8

Dieses Buch bei GRIN:

http://www.grin.com/de/e-book/126914/internationale-seekreuzfahrten-angebote-entwicklung-probleme

Katholische Universität Eichstätt

HS Internationaler Rundreisetourismus

Internationale Seekreuzfahrten
Entwicklung, Angebote, Probleme

Sommersemester 2006

Cornelia Wolf

Gliederung

I. Einleitung

In der Vergangenheit rief der Begriff Kreuzfahrt sofort Bilder im Kopf hervor, die sich wohl im Mythos der schwimmenden Paläste auf See ganz treffend zusammenfassen lassen. Die gängigsten Vorurteile sollen hier kurz Erwähnung finden: Kreuzfahrten sind pompös und luxuriös, das Publikum legt sehr viel Wert auf Etikette und Tradition wie Kapitänsdinner und Tischordnung. Aufgrund des hohen Preises und der langen Reisezeiten sind Kreuzfahrten deshalb auch nur etwas für alte Leute. Für Familien und Jugendliche kommen sie dagegen nicht in Frage. Dieser Mythos hat sich zwar lange Zeit sehr hartnäckig gehalten, doch heute gehört er wohl der Vergangenheit an, die Vorurteile haben ausgedient.

Die Kreuzfahrtindustrie steckt Mitten im Wandel und mittlerweile bietet der Markt ein gewaltiges Spektrum an: Egal ob Abenteurer, Genießer, Trendsetter, Partylöwe oder Sportfanatiker, die Kreuzfahrtunternehmen und Reedereien versuchen jede erdenkliche Zielgruppe anzusprechen. Immer umfangreichere Unterhaltungsprogramme und lockeres Ambiente ohne Krawattenzwang und Kapitänsdinner machen die Kreuzfahrt für ein immer breiteres Publikum attraktiv und locken auch Familien und jüngere Leute an Bord. Das Produkt Kreuzfahrt entwickelt sich auch durch die gesunkenen Preise vom einst elitären Luxusprodukt zu einer attraktiven Urlaubsform für „Jedermann“, denn mit Billigkreuzfahrten wird die Reise auf hoher See auch für die letzte Zielgruppe erschwinglich.

Die Bemühungen der Veranstalter und Reedereien zeigen ihre Wirkung. Die Kreuzfahrtbranche weißt kontinuierlich hohe Wachstumsraten auf. Dabei liegt der US-Amerikanische Markt mit Umsatz und Passagiervolumen deutlich vor dem Rest der Welt. Allerdings zeigt auch der deutsche Markt vor allem in den letzten Jahren hohe Wachstumsraten. Vor allem seit dem Markteintritt der *Aida Cruises* wurde es mit geschicktem Marketing geschafft, das verstaubte Image der Kreuzfahrten zu erneuern und jüngeren Zielgruppen für diese Form des Reisens zu erschließen. Und das Wachstum scheint auch in den nächsten Jahren anzuhalten, zumindest das Angebot wird stetig um neue, größere Schiffe erweitert, die immer mehr Passagieren Platz bieten.

Die vorliegende Arbeit gibt einen Überblick über den Markt der Internationalen Hochseekreuzfahrten. Sie geht zunächst auf die geschichtliche Entwicklung seit den Anfängen der Passagierschifffahrt ein und stellt in einem weiteren Teil den Markt der Kreuzfahrten mit den verschiedenen Kreuzfahrtarten, Schiffstypen und Revieren dar. Der letzte Teil der Arbeit widmet sich den aktuellen Entwicklungen auf dem weltweiten und dem deutschen Markt der Kreuzfahrt, dabei spielen auch ökologische, ökonomische und soziale Probleme eine Rolle. Zunächst soll allerdings erst einmal der Begriff „Kreuzfahrt“ definiert und die Hochseekreuzfahrt, die Gegenstand dieser Arbeit ist, von anderen Formen wie etwa der Flusskreuzfahrt abgegrenzt werden.

II. Die Kreuzfahrt – ein touristisches Produkt

2.1 Definition

Unter „Kreuzfahrten“ sind Pauschalreisen auf einem Schiff (Hochsee- oder Flussschiff) zu verstehen, die Verpflegung, Übernachtung, Animation, Entertainment und die Nutzung der meisten Schiffseinrichtungen einschließen. Dabei folgt die Reise einer vorher festgelegten Route auf der verschiedene Häfen angelaufen werden, die den Passagieren die Möglichkeit zu Landausflügen bieten. Um von einer Kreuzfahrt zu sprechen, muss mindestens eine Übernachtung an Bord stattfinden und neben dem Ein- und Ausstiegshafen mindestens noch ein weiterer Hafen angelaufen werden. Die Reisenden nutzen das Schiff nicht als Transportmittel, sondern als eigene Urlaubsdestination. Dabei dominieren meist Rundreisen. Weiter wird von einer Kreuzfahrt erst bei einer Mindesteilnehmerzahl von 50 Passagieren gesprochen, da dadurch zum einen viele kleine Schiffe ausgeschlossen werden können, aber auch Frachtschiffreisen, die in der Regel niedrigere Passagierkapazitäten aufweisen. Bei einer Kreuzfahrt stehen Route, Reisedauer und Reisepreis vorab fest. Dabei können die Passagiere aus einem breiten Spektrum an Schiffen wählen, die sich allerdings in Ausstattung, Rahmenangebot und Preis deutlich voneinander unterscheiden.[1]

Da sich diese Arbeit im Folgenden mit Hochseekreuzfahrten beschäftigt, soll kurz auch auf den Unterschied zu Flusskreuzfahrten eingegangen werden: Hochseekreuzfahrten sind theoretisch in allen Himmelsrichtungen möglich, während sich Flusskreuzfahrten nach dem Lauf eines Flusses richten müssen. Außerdem besteht ein wesentlicher Unterschied darin, dass die Passagiere von Flusskreuzfahrten die Landschaft während der Fahrt an sich vorüber ziehen lassen, während dagegen bei Hochseekreuzfahrten Landgänge im Vordergrund stehen. So ergibt sich bei den Liegezeiten der Unterschied, dass die Schiffe bei Hochseekreuzfahrten vor allem tagsüber im Hafen liegen während dies bei den Flusskreuzfahrten genau anderes herum ist. Grundsätzlich sprechen beide Formen der Kreuzfahrt eine unterschiedliche Klientel an: Passagiere der Flusskreuzfahrten sind wesentlich älter als die der Hochseekreuzfahrten.[2]

2.2 Struktur der Kreuzfahrtbranche

In der Kreuzfahrtbranche reicht es im Normalfall für eine Reederei nicht aus, nur ein Schiff einzusetzen. In den Marketing-Konzepten gilt es vor- und nachgelagerte Aktivitäten zu berücksichtigen und vor allem auch den geeigneten Vertriebsweg zu wählen. So hängt der Erfolg einer Kreuzfahrt auch von den Transportleistungen zu und von den Schiffen ab (Fly & Cruise-Konzepte), aber auch die Kombination mit Hotelaufenthalten im Anschluss an eine Kreuzfahrt ist von Bedeutung. Dadurch erscheint es für einige Kreuzfahrtgesellschaften sinnvoll, sich nicht nur horizontal zu

[1] Vgl. Schäfer, Christian: Kreuzfahrten. Die touristische Eroberung der Ozeane. Nürnberg 1998. S. 7f.
[2] Vgl. Ebd. S. 11.

diversifizieren, sondern sich auch vertikal. Beteiligungen an Reiseveranstaltern oder die Unterhaltung einer eigenen Luftflotte sowie eigener Hotels bringen Vorteile im Wettbewerb. Doch vor- und nachgelagerte Leistungsträger alleine sind noch kein Garant für den Erfolg einer Kreuzfahrt. Die Gesellschaften sind ebenso auf Hilfs- und Nebenleistungen sowie unterstützende Einrichtungen und Institutionen angewiesen. Dazu lassen sich beispielsweise Hafen-, Ausflugsagenturen vor Ort, aber auch Versorgungs- und Catering-Unternehmen zählen. Will man die Kreuzfahrbranche in einem Strukturschema darstellen, so zeigt sich, dass sie ein komplexes System ist, in der die eigentliche Kreuzfahrt den Kern bildet.[3]

Abbildung 1: Strukturschema der Kreuzfahrtbranche

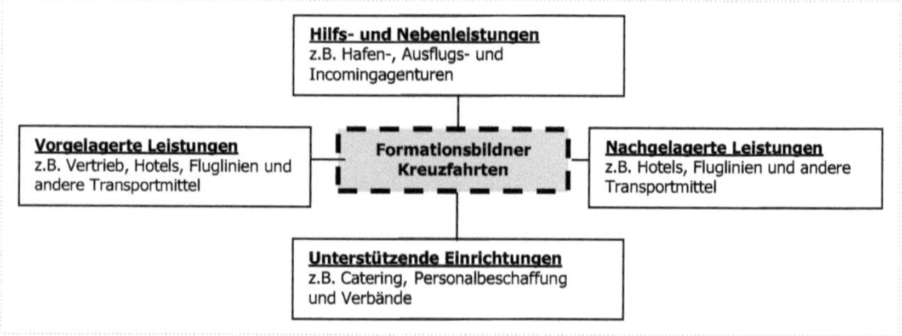

Quelle: nach Schäfer 1998, S. 20, eigene Darstellung

2.3 Geschichte des Kreuzfahrttourismus

Um die heutige Entwicklung der Kreuzfahrtbranche besser zu verstehen, ist es wichtig, die geschichtliche Entwicklung zu kennen. Die Reiseform der Kreuzfahrt ist von technologischen Innovationen sehr geprägt und die Geschichte zeigt deutlich, dass Kreuzfahrtreedereien und –veranstalter immer auf neue Konzepte setzen mussten und müssen, um auf dem Markt weiter bestehen zu können. Die Entstehung der Kreuzfahrt als Vergnügungsreise geht dabei auf zwei wesentliche Entwicklungen in der Vergangenheit zurück: Zum einen auf den Rückgang der Transportfunktion der Schiffe in der Passagierschifffahrt und zum anderen auf die steigende touristische Nachfrage durch den zunehmenden Wohlstand der Bevölkerung. „Erst das Zusammentreffen dieser beiden Entwicklungen ließ Kreuzfahrten zu einem massentouristischen Produkt werden."[4] Diese Entwicklung soll im Folgenden beschrieben werden.

2.3.1 Pionierjahre der Passagierschifffahrt

Im 19. Jahrhundert erlebte die Seefahrt eine ihrer wichtigsten technologischen Innovationen: Dampfschiffe begannen, die bis dahin eingesetzten Segelschiffe allmählich abzulösen und machten es

[3] Vgl. Schäfer 1998, a.a.O., S. 19f.
[4] Ebd., S. 25.

den Reedereien möglich, einen regelmäßigen Liniendienst – vor allem auf der Nordatlantikroute – einzusetzen. Im Jahre 1840 wurde der erste Dampferliniendienst von Europa nach Amerika eröffnet, immerhin war die Überfahrt mit nur 14 Tagen dreimal schneller als vorher mit einem Segler. Diese hatten unter normalen Bedingungen schon zwischen fünf und sechs Wochen gebraucht, die Abhängigkeit vom Wetter verlängerte die Reise nicht selten auf das Doppelte. Schon alleine durch die verkürzte Zeit hatte daher das Dampfschiff einen enormen Wettbewerbsvorteil. Zunächst war die Reise einer sehr wohlhabenden Schicht vorbehalten, doch bald wurde auch das Potenzial der Auswanderer erkannt, so dass Zwischendeckplätze eingerichtet wurden. Wie *Tabelle 1* zeigt, stiegen die Auswandererzahlen ab der Mitte des 19. Jahrhundert stark an und trugen damit auch zum Erfolg der Passagierschifffahrt bei.[5]

Tabelle 1: Strom der Auswanderer von Europa in die USA (1825-1914)

Zeitraum	Personen pro Jahr (ø)
1825-1834	32.000
1835-1844	71.000
1845-1854	294.000
1855-1864	150.000
1865-1874	334.000
1875-1884	389.000
1885-1894	453.000
1895-1904	463.000
1905-1914	1.012.000

Quelle: Schäfer 1998, S. 26, eigene Darstellung

Die Reeder und Fachleute allerdings standen der neuen technologischen Entwicklung anfangs eher kritisch gegenüber: „Dampfschiffahrt über den Ozean ist Unsinn; denn es kann nicht die Aufgabe der Schiffe sein, nur Brennstoff über das Meer zu bringen.“[6] Durch diesen Mangel an Weitsicht waren die Anfänge der Dampfschifffahrt eher bescheiden. Doch sie steigerten sich schnell: Waren die Kabinen anfangs noch schlicht, so wurden sie bald „mit edlem Teak-, Mahagoni- oder Sandelholz und wertvollen Stoffen ausgestattet“[7]. Diese Entwicklung schuf die Basis für die spätere touristische Nutzung des Transportmedium Schiff: weg von der bloßen Passagierbeförderung hin zur Seereise, die sich vom notwendigen Übel zu einem Vergnügen wandelte. „Die Schnelldampfer der 90er Jahre [des 19. Jahrhunderts] verfügten über eine Atmosphäre wie in einem Grand Hotel.(...) Diese Zeit begründete den bis heute nicht vergangenen Mythos der ‚schwimmenden Paläste auf See‘, ohne den die Gestaltung des modernen Kreuzfahrtprodukts undenkbar wäre und der es immer wieder neu inspiriert.“[8]

2.3.2 Von der Passagierschifffahrt zur ersten Kreuzfahrt

Historisch betrachtet ist die Kreuzfahrt daher „ein ‚Kind‘ der Passagierschiffahrt.“[9] Am Morgen des 22. Januar 1891 brach die *Auguste Victoria* der Reederei *Hamburg-Amerikanische Paketfahrt-*

[5] Vgl. Schäfer 1998, .a.a.O., S. 26ff.
[6] Ebd., S. 27.
[7] Ebd., S. 40.
[8] Ebd., S. 41.
[9] Seitz, Erwin/Wolf, Jakob (Hg.): Tourismusmanagement und –marketing. Landsberg/Lech 1991. S. 139.

Aktiengesellschaft (*Hapag*) mit 241 Passagieren zu einer luxuriösen, reinen Vergnügungsreise ins Mittelmeer auf. Mit dieser „Großen Orient-Exkursion" begründete sie die erste Kreuzfahrt der Geschichte. Die sechswöchige Reise, die 13 Landausflüge beinhaltete, war von Albert Ballin, Direktor der *Hapag*, perfekt organisiert worden. Er selbst begleitete sie mit einigen Journalisten, so dass in der Bordzeitung auf Höhe von Cuxhaven euphorisch geschrieben wurde: „Für zwei Monate bilden die Passagiere ein Gemeinwesen unter sich, abgelöst von den gewohnten Beziehungen, befreit von Sorgen und Lasten des Amts."[10] Da die Reederei über ein dichtes Netz von Agenturen verfügte, war es möglich, in jedem angelaufenen Hafen ein Ausflugsprogramm zu organisieren *(vgl. Tabelle 2)*. Damit wurde zum ersten Mal ein wesentliches Merkmal der modernen Kreuzfahrten erfüllt.

Tabelle 2: „Große Orient-Reise" der Auguste Victoria im Jahre 1891

Hafen	Ankunft	Abfahrt	Liegezeit in Tagen
Cuxhaven		22.01.	
Southampton	23.01.	24.01.	2
Gibraltar	28.01.	29.01	2
Genua	31.01.	31.01.	1
Alexandria	04.02.	09.02.	6
Jaffa	10.02.	14.02.	5
Beirut	15.02.	19.02.	5
Konstantinopel	22.02.	26.02.	5
Piräus	27.02.	01.03.	3
Malta	03.03.	03.03.	1
Palermo	04.03.	05.03.	2
Neapel	06.03.	10.03.	5
Lissabon	14.03.	14.03.	1
Southampton	17.03.	19.03.	3
Cuxhaven	21.03.		

Quelle: Schäfer 1998, S. 48, eigene Darstellung

Hinter der Organisation der ersten Kreuzfahrt stand unternehmerisches Kalkül und einiges an Mut: Albert Ballin hatte bemerkt, dass die Atlantiküberquerungen in den Wintermonaten wenig Geld einbrachten und wollte die Schiffe nicht ungenutzt im Hafen liegen lassen. In Zeiten, in denen die See noch als lebensbedrohlich galt, bot er Vergnügungsreisen zu Schiff an und wurde von der Konkurrenz zunächst kritisch beäugt und belächelt.[11] Aufgrund des großen Erfolgs jedoch wurden nun mehrere Luxusreisen der ersten Klasse eingerichtet. Diese waren vor allem für die wohlhabende Oberschicht, was am Preis der Orient-Reise deutlich wird: Die Reise kostete in der billigsten Kabine 1.800 Mark. Zum Vergleich kostete die Atlantiküberfahrt im Zwischendeck der *Deutschland* etwa 170 Mark.[12]

Die bisher eingesetzten Linienschiffe, die mit unterschiedlichen Kabinenklassen auch für arme Einwanderer nach Nordamerika ausgestattet waren, waren für den Kreuzfahrtbetrieb nicht unbedingt geeignet. Wieder war es die *Hapag*, die deshalb bald darauf das erste Schiff einsetzte, das extra für den Kreuzfahrtbetrieb entwickelt wurde: 1901 stach die *Prinzessin Victoria Luise* mit dem Ziel Karibik in See. Als Vorbild dienten die Yachten der europäischen Herrscherhäuser, neben der kaiserlichen Suite gab es 120 Luxuskabinen für etwa 400 Passagiere. Seit diesem Zeitpunkt bis zum Beginn des ersten Weltkrieges folgten immer mehr Reedereien dem Beispiel der *Hapag* und nahmen

[10] http://www.hamburg.de/artikel.do?ok=15898&teaserId=465625&uk=21462&cid=6373313, Zugriff am 28. April 2006

[11] Vgl. Ebd.

[12] Vgl. Schäfer 1998, a.a.O., S. 49.

ihre Schiffe in den Monaten geringer Nachfrage aus dem Linienverkehr oder gaben Kreuzfahrtschiffe in Auftrag.[13] Während des ersten Weltkriegs wurden diese Entwicklung allerdings jäh unterbrochen, da die Reedereien ihre Passagierschiffe zum Transport der Truppen umbauten. Nach Kriegsende wurden die Schiffe wieder im Linien- und Kreuzfahrtverkehr eingesetzt.

2.3.3 Die Zwischenkriegszeit und der Zweite Weltkrieg

In der Zeit zwischen den beiden Weltkriegen mussten sich die Reedereien verstärkt auf das Kreuzfahrtgeschäft konzentrieren, da die Passagierschifffahrt nach Nordamerika durch die Einwanderungsgesetze der USA von 1921 deutlich an Nachfrage verlor. Einen weiteren Aufschwung vor allem für Kurzkreuzfahrten lieferten die Prohibitionsgesetze der USA. Mitte der 30er Jahre des letzten Jahrhunderts konkurrierten Reedereien aus Deutschland, England, Frankreich und den USA. Durch den Wettbewerb entwickelten sich die Schiffe zu regelrechten Luxuspalästen und Vergnügungs- und Erholungsreisen waren bei der wohlhabenden Oberschicht in Mode gekommen.[14] „Die Damen und Herren von Welt schlürften Austern und Champagner (...). Es gab den obligatorischen Fünf-Uhr-Tee und feierlich zelebrierte Galaabende. Eine feste Kleiderordnung und das mehrfache Umziehen am Tag waren Programm und gehörten zum Ritual dazu."[15]
In Deutschland entstanden während der Zeit des Nationalsozialismus die ersten Massenprodukte des Kreuzfahrttourismus, da die *Deutsche Arbeiterfront* über ihre Reiseorganisation *Kraft durch Freude (KdF)* Ost- und Nordseefahrten anbot, die staatlich subventioniert wurden. Dies zeigte, dass günstige Kreuzfahrten sowohl auf Nachfrage stießen als auch im logistischen und technischen Bereich zur Zufriedenheit der Passagiere durchgeführt werden konnten. „Dies vorangestellt, erhält diese Episode der Kreuzfahrtgeschichte – unabhängig von einer politischen Würdigung – eine epochale Bedeutung."[16]

2.3.4 Beginn des Düsenflugzeitalters

Im Jahre 1958 läutete der erste kommerzielle Düsenjet das Ende des Transatlantik-Linienverkehrs ein. Von nun an überquerten den Atlantik mehr Passagiere mit dem Flugzeug als mit dem Schiff. Während 1952 noch 85 Prozent der Passagiere das Schiff nutzen, waren es 1968 nur noch sieben Prozent. Ausschlaggebend waren neben dem Zeitfaktor – die ersten *Boeings 707* verkürzten die Strecke auf acht Stunden – vor allem die rasch sinkenden Flugtarife. Mit dem Preis verlor das Schiff seinen letzten Wettbewerbvorteil, so dass der Linienschiffverkehr innerhalb weniger Jahre zusammenbrach.
Gleichzeitig erlebte die Hochseekreuzfahrt dadurch und durch das gestiegene Einkommen und Freizeitangebot ihren Durchbruch zum Massentourismus. Zwar herrschte Anfangs Unsicherheit in der Branche, in den 70er Jahren jedoch entstanden reine Kreuzfahrtgesellschaften und mit Um- und

[13] Vgl. Steinbach, Josef: Tourismus. München/Wien 2003, S. 286.
[14] Vgl. Scholz, Betsy: Funshiptourismus in Deutschland. Ein Marketingkonzept für die amerikanische Kreuzfahrtgesellschaft Carnival Cruise Lines. Eichstätt 1998. S. 18.
[15] http://www.planet-wissen.de/pw/Artikel,,,,,,,064E881431556C05E0440003BA5E08D7,,,,,,,,,,,,,,.html, Zugriff am 24. April 2006
[16] Schäfer 1998, a.a.O., S. 61.

Neubauten wurden Schiffe geschaffen, die auf die Ansprüche der Kreuzfahrtgäste zugeschnitten waren.[17]

Abbildung 2: Entwicklung der Verkehrsmittel über den Atlantik 1946-1962

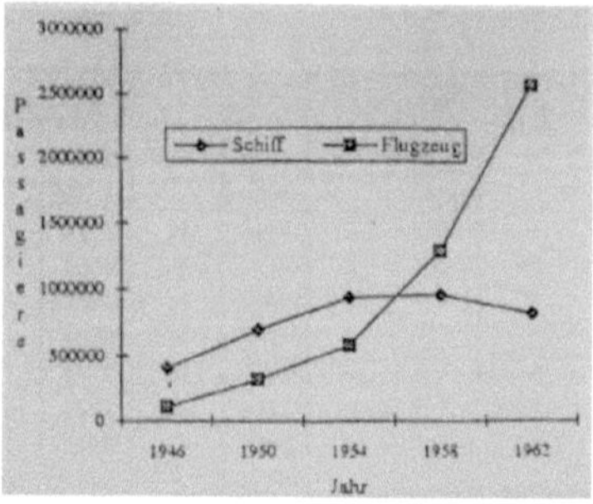

Quelle: Scholz, Betsy 1998, S. 19 nach Baumann E.

2.3.5 Die Ära der Traumschiffe und Entwicklungen in jüngerer Zeit

Mit der Ära der Traumschiffe wurden den Passagieren auf den Schiffen ausgedehnte Freizeit- und Sportangebote geboten sowie größere und bequemere Kabinen. Waren die Schiffe der 1960er und 70er Jahre noch mittelgroß und boten Platz für etwa 700 bis 1.200 Passagiere, so wurden ab den 1980er Jahren Großschiffe mit 80.000 Bruttoregistertonnen (BRT) gebaut, die bis zu 2.000 Passagieren Platz boten. Gleichzeitig zeigte sich im Luxussegment aber auch der Trend zu kleinen Schiffen.[18] In dieser Zeit fusionierten auch die beiden deutschen Reedereien *Norddeutscher Lloyd* und *Hapag* zu *Hapag Lloyd* und stellten den Bereich der Passagierschifffahrt endgültig ein. Es entstanden reine Kreuzfahrtgesellschaften. In den 1980er Jahren verlegten viele Reedereien ihren Firmensitz nach Florida, um die Abfahrtshäfen möglichst nah an die Ganzjahresmärkte der Karibik zu legen. Dadurch entwickelte sich Miami zur Kreuzfahrthauptstadt.[19]

Mit den bereits erwähnten Traumschiffen entwickelten sich die Kreuzfahrten vor allem auf dem amerikanischen Markt zu einem Sektor des Massentourismus mit hohen Wachstumsraten. Lag die weltweite Passagierzahl Anfang der 1970er Jahre noch bei etwa 500.000, stieg sie Anfang der 1990er Jahre bereits auf vier Millionen und hatte sich im Jahr 2000 mit sieben Millionen fast verdoppelt. Zahlreiche Neubauten in den 1990er Jahren führten zu einer Verjüngung der Flotte. Mehr als zwei Drittel der Nachfrager kommen aus Nordamerika, doch auch Deutschland weist in den letzen Jahren stetig hohe Wachstumsraten auf. Dabei liegt der Anteil der „First-Time-Cruiser" bei etwa 45 Prozent. Das große Wachstum des Kreuzfahrtmarktes lässt sich auf einige Faktoren zurückführen, die im Folgenden kurz beschrieben werden. Durch die Gründung der *Cruise Lines International Association (CLIA)* der 25 größten US-Kreuzfahrtunternehmen wurde in den frühen 1970er Jahren ein Netzwerk geschaffen, das Marktforschung, Öffentlichkeitsarbeit und Marketingaktivitäten betreibt. Darüber

[17] Vgl. Scholz 1998, a.a.O., S. 19.
[18] Vgl. Steinbach 2003, a.a.O., S. 287.
[19] Vgl. Scholz 1998, a.a.O., S. 20.

hinaus wurde durch den steigenden Vertrieb der Kreuzfahrten durch Reisebüros ein leistungsfähiges Vermarktungsnetzwerk aufgebaut. Auf der anderen Seite hat sich aber auch das Angebot verändert: So bot die Einführung von „Fly & Cruise"-Paketen, die Hin- und Rückflug bereits im Kreuzfahrtpreis enthalten aber vor allem auch die Einführung des neuen Typs der Fun Ships durch die *Carnival Cruise Line* einem größeren Zielpublikum die Möglichkeit, diese Urlaubsform zu nutzen. Auf den Fun Ships wird bewusst mit der steifen Etikette gebrochen und auf Vergnügungs- und Animationsprogramme gesetzt, die ein jugendliches Publikum anziehen.[20] Auf diesen Kreuzfahrttyp wird unter *3.1* noch näher eingegangen.

III. Angebotsstrukturen im Kreuzfahrtmarkt

Der Kreuzfahrtmarkt hat sich stark diversifiziert. Heute verfügt er über 300 verschiedene Schiffe und eine Vielzahl von Routen und Zielen. Die Angebotspalette reicht von riesigen Megalinern bis zu kleinen und exklusiven Segelschiffen und Yachten, von der Ein-Sterne-Kreuzfahrt bis hin zur Luxusreise, aber auch von der klassischen Kreuzfahrt über Club- und Expeditionsfahrten bis zur speziellen Themenfahrt für Pferdefans. Damit werden die Ansprüche immer speziellerer Zielgruppen befriedigt.

Allerdings steht der riesigen Zahl der Schiffe und Kreuzfahrtarten eine relativ geringe Zahl von transnationalen Großredereien gegenüber, die meist auf die alten Dampfschifffahrtsgesellschaften zurückgehen oder in den Anfangsjahren des Kreuzfahrt-Massentourismus entstanden sind. Diese Unternehmen haben ihre führende Position durch eine Reihe von Fusionen, Übernahmen und Aufkäufe erreichen können, der Markt wird also von starken Konzentrationstendenzen beherrscht.[21]

Im Folgenden sollen nun Kreuzfahrtarten, -routen und Schiffstypen vorgestellt werden sowie ein Überblick über die Reedereien und Veranstalter gegeben werden.

3.1 Kreuzfahrtarten

In Literatur und Praxis werden die verschiedenen Kreuzfahrttypen unterschiedlich bezeichnet. Deshalb sollen im Folgenden die gängigsten Begriffe verwendet werden.

3.1.1 Klassische Kreuzfahrten

Die sogenannten klassischen Kreuzfahrten sind Rundreisen von mindestens drei Tagen Dauer, Abfahrts- und Ankunftshafen sind dabei der gleiche. Bei Variationen können diese beiden Häfen aber auch voneinander abweichen. Die meisten dieser Kreuzfahrten dauern zwischen zehn Tagen und drei Wochen, dabei ist eine Unterbrechung der Reise im Normalfall nicht möglich. Das Schiff dient den Passagieren vor allem als schwimmendes Hotel. Zielgebiet und Reiseroute spielen eine zentrale Rolle,

---

[20] Vgl. Steinbach 2003, a.a.O., S. 287f.
[21] Vgl. Ebd., S. 289.

denn die Motivation ist nicht nur Erholung, sondern vor allem das Kennlernen fremder Länder und Kulturen. Entsprechend steht bei dieser traditionellen Art der Kreuzfahrt das Animationsprogramm eher im Hintergrund. Das Klientel legt Wert auf die elegante Atmosphäre an Bord, deshalb gelten hier auch noch Kleiderordnung und Kapitänsdinner, ganz in der Tradition der Seereisen der ersten Generation.[22] Als Beispiel wäre hier die ***Deutschland*** der Reederei ***Peter Deilmannn*** zu nennen, allerdings zeigen sich auch hier Tendenzen, das Programm durch Themenkreuzfahrten aufzulockern, gleichwohl im gewohnt traditionellen Ambiente.[23]

3.1.2 Weltreise

Weltreisen gehören im Prinzip auch zum Typus der klassischen Kreuzfahrten, denn sie beginnen und Enden ebenfalls im selben Hafen. Bei Weltreisen wird die Datumsgrenze mindestens einmal überschritten und es werden mindestens vier Kontinente besucht. Jedoch ist es üblich, dass eine Weltreise in verschiedene Teilstrecken unterteilt wird, die dann separat gebucht werden können. Denn die meisten Menschen besitzen weder Zeit noch Geld für diese lange und kostspielige Art der Kreuzfahrt.[24] Oft werden Weltreisen mit Luxusschiffen durchgeführt.

3.1.3 Flug-/Schiffsreise

Um für eine Kreuzfahrt auch weiter entfernte Gebiete zu erreichen, ist das Flugzeug ein unverzichtbarer Partner. Die Teilstrecken einer Weltreise werden meist als Flug-/Schiffsreise (Fly & Cruise) angeboten. Dabei sind An- und Abflug Bestandteil der Reise und im Reisepreis eingeschlossen. Diese Form ist heute eine der wichtigsten Programmversionen und wird inzwischen auch für näher gelegene, europäische Zielgebiete verwendet. Bei Linienflügen wird oft eine Hotelübernachtung vor Beginn der Kreuzfahrt eingeschoben, damit sichergestellt ist, dass bei einer Flugverspätung das Schiff erreicht wird. Bei diesen Reisen kann meist ein Vor- oder Nachprogramm in den angelaufenen Ländern gebucht werden.[25]

3.1.4 See-/Badereise

Hierbei ist es möglich, die Schiffsreise an einem der angelaufenen Häfen für einen Badeurlaub zu unterbrechen. Diese Verknüpfung hat sich zu einer eigenständigen, beliebten Urlaubsform entwickelt, da diese Kombination zwei Urlaubsformen gleichzeitig ermöglicht. [26] Viele Veranstalter bieten in ihren Katalogen bereits Hotels an, die im Voraus gebucht werden können. Ein Beispiel sind die *Norwegian Cruise Line (NCL)* aber auch ***Hurtigruten***. Ein Voraussetzung ist, dass die Schiffsrundreise in einem regelmäßigen Turnus stattfindet, damit die Gäste auch wieder an Bord gehen können.

---

[22] Vgl. Schäfer 1998, a.a.O. S. 187.
[23] Vgl. Kreuzfahrtprogramm der Deutschland, Katalog S. 2.
[24] Vgl. Baumann, Ewald J./Mundt, Jörn W: Kreuzfahrten. In: Mundt, Jörn W.: Reiseveranstaltung. Lehr- und Handbuch. München/Wien 2000, S. 290
[25] Vgl. Schüßler, Otto: Passagier-Schifffahrt .Frankfurt 2001, S. 56.
[26] Vgl. Scholz 1998, a.a.O., S. 49.

3.1.5 Fun Cruises

Diese Art der Kreuzfahrt stammt ursprünglich aus den USA und wird daher auch vorwiegend auf dem amerikanischen Markt angeboten. Die Fun Cruises zielen auf eine junge Zielgruppe und Familien ab. Die Etikette an Bord wird bewusst vernachlässigt, dafür stehen Spaß und Vergnügen im Mittelpunkt. Ein wesentliches Merkmal sind die abendlichen Shows an Bord sowie die integrierten Spielkasinos.[27] Bei Landgängen dominiert das Einkaufen und nicht der kulturelle Aspekt. Die Programme werden meist „all inclusive" angeboten. In veränderter Form haben fast alle großen internationalen Kreuzfahrtunternehmen dieses Konzept übernommen.[28]

3.1.6 Freestyle-Cruising und Clubkreuzfahrten

Ähnlich ausgestattet wie die Fun Ships sind die Schiffe, die das Feestyle Cruising anbieten. Sie bieten darüber hinaus noch einen diversifizierten gastronomischen Sektor an. Die festen Essenszeiten fallen ebenso weg wie die Tischzuteilung während der Kreuzfahrt und die Kleiderordnung. Die Reederei *Norwegian Cruise Line (NCL)* bietet in dieser Saison mit der *Pride of Amerika*, der *Norwegian Jewel* und der *Pride of Hawaii* drei Neubauten an, die sich dem Freestyle Cruising verschrieben haben. Die Schiffe bieten den Gästen bis zu zehn internationale Restaurants und vielfältige Aktivitäten von Sport bis Wellness.[29]

Abbildung 3: Pride of Hawaii: das größte Passagierschiff unter US-Flagge

Quelle: www.ruderhaus.de

Die für den deutschen Markt ungewöhnlich hohe Steigerung der Kreuzfahrtpassagiere Mitte der 1990er Jahre wurde vor allem auf den Markteintritt der *Aida* zurückgeführt.[30] Damit wurde das Cluburlaub-Prinzip auf die Kreuzfahrt übertragen und ein jüngeres Publikum auf ein Schiff gelockt.

Abbildung 4: Das Clubschiff Aida Cara

Quelle: http://www.derkreuzfahrer.de/infos/AIDA/cara_t.htm

[27] Vgl. Scholz 1998, a.a.O., S. 47/48.
[28] Vgl. Steinbach 2003, a.a.O., S. 288.
[29] Vgl. Katalog der NCL 2006/2007.
[30] Vgl. Scholz 1998, a.a.O., S. 40.

3.1.6 Segelkreuzfahrten

Bei Segelkreuzfahrten handelt es sich um Kreuzfahrten auf großen Segelschiffen. Die Schiffe sind entweder den frühen Segelschiffen des 19. Jahrhunderts nachgebaut oder komplette Neukonstruktionen. Sie schaffen eine Verbindung von traditioneller Kreuzfahrt mit dem Erlebnis des Segelns und entsprechen gleichzeitig bei Ausstattung und Einrichtung den modernen Kreuzfahrtschiffen. Allerdings sind sie kleiner als die Megaliner und der größte Segler, die *Royal Clipper* bietet gerade einmal Platz für 228 Passagiere. Einige Schiffe stammen noch aus der Zeit vor dem zweiten Weltkrieg und wurden durch Umbauten an die Kundewünsche angepasst. Dazu gehört die *Sea Cloud*, die bereits 1931 als Privatyacht gebaut wurde und derzeit unter den 20 besten Kreuzfahrtschiffen der Welt rangiert *(vgl. Tabelle 3)*. Besonders zwei Reedereien haben sich ganz dieser Richtung verschrieben: *Windstar Cruises* (eine Tochter der *Holland America Line*) und die schwedische *Star Clippers Kreuzfahrten* (siehe *Abbildung 5*).[31]

Abbildung 5: Royal Clipper

Quelle: http://www.derkreuzfahrer.de/infos/starclippers/rc_gross.jpg

3.1.7 Expeditionskreuzfahrten

Expeditionskreuzfahrten werden meist mit Spezialschiffen durchgeführt, die etwa 200 Passagiere aufnehmen können, da die Reiserouten abseits der gängigen Fahrgebiete in ökologisch sensiblen Regionen liegen (z.B. Arktis/Antarktis oder Insel- und Riffgebiete). Hier wird der gängigen Unterhaltung an Bord weniger Aufmerksamkeit beigemessen, dafür informieren Wissenschaftler die Gäste an Bord über ihr Ziel. Eine besondere Art sind Reisen durch meterdickes Packeis zum Nordpol oder zu den Kaiser-Pinguinen in die Antarktis.[32] Ein Beispiel ist die *MS Bremen* (*Hapag Lloyd)*, die unter anderem Fahrten in die Arktis und Antarktis sowie zu den Seychellen anbietet. Das Schiff ist für 164 Passagiere ausgelegt und hat zwölf motorisierte Schlauchboote an Bord, die bei den Expeditionen zum Einsatz kommen. Auf die Probleme, die durch diese Reisen entstehen, wird unter *4.3* näher eingegangen.

[31] Vgl. Schüßler 2001, a.a. O., S. 57/58.
[32] Vgl. Ebd., S. 57.

3.2 Ausgewählte Angebotsformen und Trends

3.2.1 Luxuskreuzfahrten

Weniger als zehn Prozent der Hochseeschiffe zählen zu den Schiffen der Fünf-Sterne-Luxuskategorie. Die *Europa (Hapag Lloyd)* ist dabei das einzige Schiff der Welt, dass die Kategorie 5-Sterne-Plus erhalten hat (laut *Berlitz-Cruise-Guide 2005, vgl. Tabelle 3*). Neben Platzangebot pro Passgier und technischem Luxus zählen vor allem softe Faktoren: Damit ist vor allem die Zeit gemeint, die sich die Crew für die Reisenden nehmen kann. Deshalb ist es auch kein Zufall, dass 15 der 20 weltbesten Schiffe in die Kategorie „Small Ships" fallen. Auf der *Europa*, die allerdings das größte Schiff unter den Besten ist, kommen beispielsweise auf maximal 408 Passagiere 275 Crewmitglieder. Aber auch „Ultra-all-inclusive" wie auf der *Silversea* macht den Unterschied aus: Selbst Champagner, Wein und Spirituosen sind während der gesamten Kreuzfahrt in den Tagesraten zwischen 500 und 600 Euro enthalten. Statt des üblichen Landgangs können die Gäste mit dem Helikopter zum nächsten Golfplatz fliegen oder mit der Limousine eine individuelle Stadttour unternehmen. Kreuzfahrtliebhaber, die es intimer mögen, finden möglicherweise auf den zu *Carnival* gehörenden Yachten von *Seabourn* die passende Urlaubsform. Die für rund 200 Passagiere ausgelegten Luxus-Schiffe bieten exklusive Routen zu Frühbucher-Tagespreisen ab etwa 600 Euro. Ein besonderes Kreuzfahrtgefühl versprechen die Segelyachten von *Sea Cloud Cruises*. Die Tagespreise auf der historischen *Sea Cloud* liegen um rund 500 Euro. Die Tatsache, dass pro Passagier ein Crew-Mitglied an Bord ist, sorgt für exzellenten Service. Aber auch exklusive Routen sind gefragt. Hier weisen die kleineren Schiffe auch einen erheblichen Vorteil auf und können Routen abseits der großen Häfen anbieten.[33]

Tabelle 3: Die besten Kreuzfahrschiffe der Welt

Rang	Schiff	Sterne	Reederei	Baujahr	Tonnage	Passagiere	Sprache
1	MS Europa	5+	Hapag Lloyd	1999	28.600	408	Deutsch
2	Sea Dream I	5	Sea Dream Yacht Club	1984	4.300	110	Englisch
3	Sea Dream II	5	Sea Dream Yacht Club	1985	4.300	110	Englisch
4	Seabourn Legend	5	Seabourn	1992	10.000	208	Englisch
5	Seabourn Pride	5	Seabourn	1988	10.000	208	Englisch
6	Seabourn Spirit	5	Seabourn	1989	10.000	208	Englisch
7	Queen Mary2	5	Cunard	2004	150.000	2.620	Englisch
8	Silver Shadow	5	Silversea	2000	28.000	388	Englisch
9	Silver Whisper	5	Silversea	2001	28.258	384	Englisch
10	Hanseatic	5	Hapag Lloyd	1993	8.378	184	Deutsch
11	Silver Cluod	5	Silversea	1994	16.800	296	Englisch
12	Silver Wind	5	Silversea	1995	16.800	296	Englisch
13	Sea Cluod II	5	Sea Cloud	2000	3.000	94	Deu/Engl
14	Hebridean Spirit	5	Hebridean	1991	4.200	97	Englisch
15	Sea Cluod	5	Sea Cloud	1931	2.532	64	Deu/Engl
16	Crystal Serenity	5	Crystal	2003	68.000	1.080	Englisch
17	Crystal Symophony	5	Crystal	1995	51.044	940	Englisch
18	Hebridian Princess	5	Hebridean	1964	2.112	49	Englisch
19	Seven Seas Mariner	5	Regent	2001	50.000	700	Englisch
20	Seven Seas Voyager	5	Regent	2003	49.000	700	Englisch

Quellen: www.travelshop.de nach Berlitz Cruise Guide 2005, www.kreuzfahrt-experten.de, eigene Darstellung

[33]Vgl. http://www.touristikreport.de/rd/archiv/5568.php vom 01.12.2005, Zugriff am 15. Mai 2006.

3.2.2 Billigkreuzfahrten

Seit 2005 wird ein ganz neuer Typ der Kreuzfahrt angeboten, der sich an ein völlig anderes Publikum richtet. Billigkreuzfahrten mit der *easyCruise One*, einem der neuesten Unternehmen der *easyGroup*. Neben dem Erlebnis Kreuzfahrt steht vor allem Party im Mittelpunkt, die Zielgruppe liegt zwischen 20 und 40 Jahren und Kinder haben generell keinen Zutritt zum Schiff.[34] Die Fahrten sind preisgünstig (ab 37,50 Euro pro Person und Nacht) und bieten den rund 170 Passagieren eher minimalistischen Chic: Das Gros der rund zehn Quadratmeter kleinen Kabinen verfügt weder über Balkon noch Fenster und die von der Farbe Orange dominierte Einrichtung bietet nur das Nötigste. Außer dem Bett und dem Transport ist nichts inklusive, es gibt keinen Bordservice und Mahlzeiten, Getränke sowie die Kabinenreinigung müssen extra bezahlt werden. Kostenlose Unterhaltungsmöglichkeiten wie Casinos, Shows oder Kinos gibt es nicht. Damit sich die Gäste an Land verpflegen und vergnügen können bleibt das Schiff von nachmittags bis vier Uhr morgens im Hafen liegen. Einwöchige Reisepläne sollen den Gästen ermöglichen, von jedem Hafen an Bord zu gehen, einzige Voraussetzung sind mindestens zwei Nächte auf dem Schiff. Im Sommer 2006 wird sich das Schiff an der französischen und italienischen Mittelmeerküste aufhalten. In der Wintersaison 2006/07 bricht die *easyCruise One* zu den karibischen Inseln auf.[35]

Abbildung 6: Der erst Billigkreuzer: Die easyCruise One

Quelle: www.easycruise.com

Diese Art der Billigkreuzfahrten dürfte keine große Konkurrenz für andere Anbieter bedeuten, schließlich sprechen sie eine völlig andere Zielgruppe an. Da die *easyGroup* keine Unternehmenszahlen veröffentlicht, lässt sich auch nicht feststellen, ob mit dem Kreuzfahrtunternehmen Gewinne eingefahren werden. Fraglich ist, ob das Konzept wirklich genauso angenommen wird wie ein Billigflug. Denn bei einem Flug interessiert den Kunden, dass er möglichst schnell von einem Ort zum anderen kommt. Bei der Kreuzfahrt steht dies nicht im Mittelpunkt, sondern die Reise an sich.

[34] Vgl. FVW International, Heft 10/05, S. 68.
[35] Vgl. www.easycriuse.com, Zugriff am 02. Mai 2006.

3.2.3 Themenkreuzfahrten

Die Seereiseverantstalter suchen immer wieder nach neuen Konzepten und Ideen, um neue Zielgruppen für ihre Kreuzfahrten zu akquirieren oder auch, um einfach Abwechslung in ihr Programm zu bringen. Dabei setzen derzeit viele Reedereien auf ausgefallene Themenreisen. Die Palette reicht von Golf über Musikreisen mit Karl Moik und Co., bis hin zu Gartenkreuzfahrten, die Parks und Gärten entlang der Route besuchen. Eine ganz ausgefallene Idee war im Jahr 2004 die erste europäische Nudistenkreuzfahrt. Aber auch Wellness-, Gesundheits- und Wanderreisen erleben in den letzten Jahren einen Trend. So gibt es auf dem ZDF-Traumschiff den ersten schwimmenden Friseursalon von Udo Walz aber auch Wellness-Bereiche werden immer weiter ausgebaut. Wie umfangreich und hochwertig das Wellness-Angebot tatsächlich ist, lässt sich jedoch nicht immer an Schiffsgröße oder Sternezahl ablesen.[36] Die *Europa* hat 2006 acht Golf & Cruise-Reisen im Angebot. Aber auch andere Schiffe wie die *Aida* und die *Sea Cloud 2* bieten Golfkreuzfahrten an. Dabei können die Passagiere je nach Schiffstyp nicht nur auf exklusiven Golfplätzen in Südafrika oder Neuseeland spielen, sondern auch an Bord befinden sich Golftrainer und Golfsimulator.[37]

3.2.4 Studienkreuzfahrten

Studienkreuzfahrten bieten eine Reise, die einem durchgängigen roten Faden folgt und Landausflüge bietet. Der Schwerpunkt kann dabei unter anderem historisch, kunstgeschichtlich, archäologisch aber auch zoologisch gefasst sein. Bei dieser Art der Kreuzfahrt steht eindeutig die Route im Mittelpunkt und sie hat durch ihr Klientel und den Verlauf Ähnlichkeit mit klassischen Kreuzfahrten, auch weil hier das Animationsprogramm durch Vorträge an Bord ersetzt wird, die die Landaufenthalte vor- und nachbereiten.[38] Aktuell bieten Studienreiseveranstalter ihre Reisen immer häufiger auf Kreuzfahrtschiffen an. Deutschland bleibt bei Studienkreuzfahrten jedoch Entwicklungsland, denn deutsche Veranstalter legen ihre Routen nicht nach Themen, sondern meist nach anderen Kriterien wie der Entfernung zwischen den Häfen und geeigneter Infrastruktur.[39]

3.3 Schiffstypen und –klassifizierungen

Fast alle Schiffe unterscheiden sich in Größe, Aussehen und Inneneinrichtung. Immer noch sind zahlreiche Schiffe unterwegs, die einmal als Linienschiffe eingesetzt waren und mehrere Klassen besaßen. Beim Umbau zum Kreuzfahrtschiff wurde meistens nur die Inneneinrichtung angepasst, das äußere Bild änderte sich nur wenig. So sind diese Schiffe daran zu erkennen, dass der Rumpf flacher gebaut ist, der Bug ist langgezogen, das Heck ist rund und Decksaufbauten und Schornstein erscheinen gegliedert. Ein modernes Kreuzfahrtschiff dagegen ragt viel höher aus dem Wasser, ist kompakter, hat

---

[36] Vgl. http://www.touristikreport.de/rd/archiv/5568.php vom 12.01.2006, Zugriff am 15.Mai 2006.
[37] Vgl. FVW International, Heft 20/05, S. 68/69. und Heft 26/04 Spezial Kreuzfahrt, S. 26/27.
[38] Vgl. Schäfer 1998, a.a.O., S. 199f.
[39] Vgl. FVW International, Heft 03/06, S. 82.

einen kurzen Bug, die Seitenwände sind durch Außenbalkone unterbrochen, der Schornstein wird teilweise in die Aufbauten mit einbezogen und das Heck ist oft eckig.[40]

Zur Bewertung von Schiffen und ihrer Einordnung in Kategorien konnte sich das seit 1980 eingeführte Bewertungs- und Sterneschema von *Ward* durchsetzen, dass jährlich im *Berlitz Cruise Guide* veröffentlicht wird, von dem bereits unter *3.2.1* die Rede war. Dort werden nahezu alle Kreuzfahrtschiffe der Welt bewertet. Anhand von differenzierten Kriterien werden den Schiffen maximal 2.000 Punkte erteilt und daran in Kategorien von einem bis fünf Sterne eingeteilt. Dabei fließen neben dem Schiff auch die Qualität der Speisen, Kabinenausstattung, Service, Verhältnis Personal-Passagiere und das Unterhaltungsangebot in die Bewertung ein.[41] Darüber hinaus benutzen Reedereien und Veranstalter oft eigene Bewertungskriterien, um den Qualitätsstandard ihrer Schiffe zu kennzeichnen.

Einen weiterern Faktor bei der Bewertung der Schiffe bilden das Serviceniveau und das Raumangebot. Die Größe eines Schiffes wird heute oft in Bruttotraumzahl (BRZ) ausgedrückt. Das Verhältnis zwischen BRZ und der Passagierzahl ist ein Indiz für den Komfort an Bord. Aber auch das Verhältnis von Passagieren zu Personal gibt Hinweise auf den Komfort an Bord.[42] Die Schiffsgröße wird aber auch in Bruttoregistertonnen (BRT) angegeben. Ward teilt die Schiffe in folgende drei Größenklassen ein: *kleine* Schiffe für bis zu 500 Passagiere und 2.000-20.000 BRT, *mittel-große* Schiffe für 500-1.000 Passagiere und 20.000 bis 50.000 BRT und schließlich *große* Schiffe für mehr als 1.000 Passagiere und 50.000-150.000 BRT.[43] *Tabelle 4* zeigt die derzeit 20 größte Schiffe.

Tabelle 4: „Megaschiffe", die zwanzig größten Kreuzfahrtschiffe nach der Passagierkapazität

Rang	Name des Schiffes	Reederei	Passagiere*
1	Freedom of the Seas	Royal Caribbean International	3.634
2	Voyager of the Seas	Royal Caribbean International	3.114
3	Explorer of the Seas	Royal Caribbean International	3.114
4	Adventure of the Seas	Royal Caribbean International	3.114
5	Navigator of the Seas	Royal Caribbean International	3.114
6	Mariner of the Seas	Royal Caribbean International	3.114
7	Caribbean Princess	Princess Cruises	3.110
8	Carnival Conquest	Carnival Cruise Lines	2.974
9	Carnival Glory	Carnival Cruise Lines	2.974
10	Carnival Valor	Carnival Cruise Lines	2.974
11	Carnival Liberty	Carnival Cruise Lines	2.974
12	Carnival Triumph	Carnival Cruise Lines	2.758
13	Carnival Victory	Carnival Cruise Lines	2.758
14	Costa Fortuna	Costa Crociere	2.720
15	Costa Magica	Costa Crociere	2.720
16	Diamond Princess	Princess Cruises	2.674
17	Sapphire Princess	Princess Cruises	2.674
18	Carnival Destiny	Carnival Cruise Lines	2.642
19	Queen Mary 2	Cunard Line	2.620
20	Grand Princess	Princess Cruises	2.600

** bezogen auf eine Belegung der Kabinen mit jeweils zwei Personen*

Quelle: www.ruderhaus.de, R. Fiebig, Stand: 30.04.06, eigene Darstellung

[40] Vgl. Schüßler 2001, a.a.O., S. 58/59.

[41] Vgl. http://www.kreuzfahrt-sonne.de/frames-schiffsdatenbank.htm?

[42] Vgl. Schäfer 1998, a.a.O., S. 278ff.

[43] Vgl. Ward, Douglas: Berlitz Complete Guide to Cruising & Cruise Ships 2001. London 2000, S. 28.

3.4 Die Hauptreviere/-routen

Die ersten Kreuzfahrten entwickelten sich in Europa und führten ins Mittelmeer, später kamen weitere Ziele in Skandinavien hinzu. Inzwischen sind alle Weltmeere für die Kreuzfahrt erschlossen, jedoch gibt es einige Hauptreviere, die eine hohe Zahl an Passagieren anziehen. Die Liste möglicher Destinationen ist zwar noch nicht ausgeschöpft, aber endlich. Aus verschiedenen Gründen kommen einige Ziele für Veranstalter nicht in Frage. Zunächst müssen die Ziele bei der Routenplanung so gelegt werden, dass An- und Abfahrtszeiten vertretbar sind, aber auch die Logistik vor Ort muss gegeben sein, so müssen Fluganbindungen vor Ort sein und die Häfen müssen zu den baulichen Gegebenheiten des Schiffes passen. Darüber hinaus ist es für die Veranstalter wichtig, dass ein Hafen interessante Ausflugziele bieten kann und zwischen den einzelnen Anlaufhäfen aus Zeit- und Kostengründen nicht zu große Abstände bestehen. Nach dem sogenannten Nachtrand-Netz können die Schiffe dann über Nacht von einem Hafen zum anderen fahren, so dass die Tage für Landausflüge genutzt werden können.[44]

Viele Länder, die zwar reizvoll erscheinen, zwingen die Veranstalter aufgrund politischer, religiöser oder terroristischer Instabilität dazu, Ausweichziele einzuplanen. Dies gilt zum Beispiel für den persischen Golf wie auch für Teile Schwarzafrikas. Aber auch Länder, in denen es unzählige Prüfungen gibt, wie in einigen Staaten der ehemaligen Sowjetunion, werden gemieden. Schließlich spielen auch die klimatischen Bedingungen wie Winde und Strömungen eine große Rolle bei der Routenplanung.[45] Die eben beschriebenen Anforderungen werden weltweit nur von wenigen Revieren erfüllt, so dass derzeit etwa 50-70 Prozent der Passagiertage auf die Karibik, Ostmexiko und die Bahamas, 15 Prozent auf das Mittelmeer und etwa zehn Prozent auf Südostasien entfallen.[46]

Abbildung 7: Weltkarte des Kreuzfahrttourismus

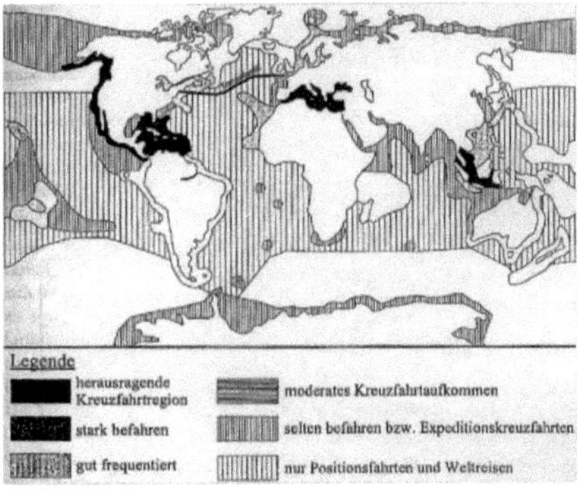

Quelle: Schäfer 1998, S. 151.

[44] Vgl. Schäfer 1998, a.a.O., S. 116f.

[45] http://www.seereisenmagazin.de/023-hinterfragt.htm, Ausgabe 3/2006, Zugriff am 15. Mai 2006.

[46] Vgl. Steinbach 2003, a.a.O., S. 293.

Die Einteilung der Kreuzfahrtregionen der Welt erfolgt nicht immer gleich, manche Regionen lassen sich zusammenfassen oder einzeln betrachten. Die folgende Einteilung stützt sich auf Schüßler.[47] Vorher sollen allerdings noch die gängigsten Routentypen kurz vorgestellt werden.

3.4.1 Routentypen

In der Praxis kann man die verschiedenen Routen Typen zuordnen. Zum Typ des sogenannten freien Kreuzfahrtrouting zählen Weltreisen, auch Expeditions-, Studien- und Themenkreuzfahrten. Hier werden die Routen für jede Reise neu geplant. Diesen unregelmäßig alternierenden Routen des freien Kreuzfahrtroutings steht das Konzept der Turnusreise gegenüber, dass in den letzten Jahren immer populärer geworden ist und das am meisten standardisierte Produkt in der Kreuzfahrbranche darstellt.[48] Bei der Turnusreis handelt es sich um eine Rundreise, die regelmäßig und über einen längeren Zeitraum auf der gleichen Route angeboten wird. In den Sommermonaten gibt es Turnusreisen beispielsweise im Mittelmeer, am bekanntesten ist allerdings das *Caribbean Carousel*, das aus einer Vielzahl von Kreuzfahrtschiffen in der Karibik besteht. Hier kreuzen praktisch ganzjährig im wöchentlichen oder noch kürzeren Rhythmus Schiffe immer auf der gleichen Stecke. Insbesondere im Bereich der Turnuskreuzfahrten spielt ein alternatives Routenkonzept eine wichtige Rolle. Damit die Passagiere auch die Möglichkeit haben, eine zweiwöchige Kreuzfahrt zu buchen, werden von vielen Reedereien sogenannte Schmetterlingskurse angeboten. Dabei fährt das Schiff zum Beispiel in der ersten Woche auf einer südlichen Route, kehrt zum Passagierwechsel an den Ausgangshafen zurück und befährt in der zweiten Woche eine nördliche Route. Nach diese Schema werden auch die Clubkreuzfahrten der *Aida* angeboten.[49] Als letztes sind noch Positionskreuzfahrten oder Überführungsfahrten zu nennen, die zu Stande kommen, wenn Schiffe von einem Kreuzfahrtrevier in ein anderes wechseln. So zum Beispiel am Ende der Sommersaison vom Mittelmeer über den Atlantik in die Karibik. Diese Passagen werden in der Regel zu einem günstigen Preis angeboten, da sie viele Seetage beinhalten und zweitrangige Destinationen bieten.[50]

---

[47] Vgl. Schüßler 2001, a.a.O., S. 110-169.
[48] Vgl. Schäfer 1998, a.a.O., S. 94.
[49] Vgl. Baumann/Mundt 2000, a.a.O., S. 290.
[50] Vgl. Steinbach 2003, a.a.O., S. 294.

Abbildung 8: Die Kreuzfahrtregionen der Welt

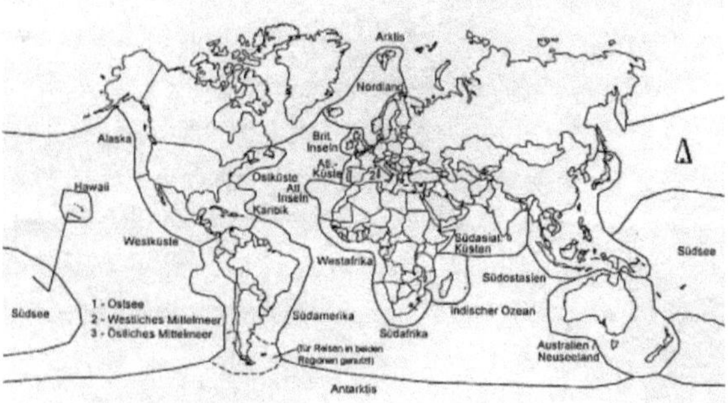

Quelle: Schäfer 1998, S. 104

3.4.2 Ostsee

Reisen in die Ostsee zu den Nordischen Hauptstädten gehören zu beliebten Sommerfahrgebieten. Neben Kopenhagen werden Rönne, Gdingen als Ausgangshafen nach Danzig, Stockholm, Visby auf Gotland und Helsinki angelaufen. Inzwischen gehören auch die baltischen Städte Riga und Tallin zum Standardprogramm deutscher und internationaler Reedereien. Höhepunkt fast jeder Ostseereise ist St. Petersburg. Bei amerikanischen Passagieren ist besonders Rostock als Ausgangshafen für einen Berlin-Besuch beliebt. Ostsee-Kreuzfahrten dauern in der Regel zwischen sieben und 14 Tagen. Zunehmend werden Schmetterlingskurse angeboten, die eine Ostsee-Kreuzfahrt mit einer Südnorwegen-Kreuzfahrt kombinierbar machen. Die Ostsee gilt als eines der am schnellsten wachsende Kreuzfahrtreviere, das auch zunehmend für internationale Kreuzfahrschiffe interessant ist. Seit dem Jahr 2000 hat sich die Zahl der Passagiere aus Deutschland und dem Ausland fast vervierfacht. Dabei nimmt die Ostsee vor allem der Karibik Marktanteile ab.[51]

3.4.3 Nordland mit Island und Grönland

Dieses Revier liegt zwischen Norwegen im Osten, Spitzbergen und der Packeisgrenze im Norden, Island und Grönland im Westen und den Färöer-Inseln im Süden. Nur durch den warmen Golfstrom an der Küste Norwegens ist es möglich, bis über 80 Grad nördlicher Breite mit nichteisverstärkten Schiffen so weit nördlich zu fahren. Nordland-Kreuzfahrten gehören zu den bevorzugten Seereisen, weil sie eine bequeme Reise zu den eindrucksvollsten Naturlandschaften der Erde ermöglichen. Neben deutschen Veranstaltern verkehren mittlerweile auch viele internationale Schiffe in diesem Fahrgebiet.

[51] Vgl. FVW International, Heft 08/06, S. 66/67.

3.4.4 Britische Inseln und europäische Atlantikküste

Diese beiden Reisegebiete werden häufig auf einer Reise kombiniert. Die britischen Inseln wurden erst 1980 als eigenständiges Fahrgebiet aufgenommen. Eine zweiwöchige Kreuzfahrt umfasst die Reise um England, Wales und Schottland sowie die Häfen an der Ostküste Irlands.
Durch die Positionsreisen im Führsommer aus dem Mittelmeer nach Norden und im Herbst wieder zurück in den Süden hat sich das Fahrgebiet der europäischen Atlantikküste entwickelt, das auf immer größeres Interesse stößt. Beginn der Reise ist entweder in Deutschland oder in den Niederlanden, entlang englischer, französischer, portugiesischer und spanischer Häfen sind die Zielhäfen Barcelona oder Genua. Die Dauer liegt zwischen zwölf und 16 Tagen und kann als Variante die atlantischen Inseln und marokkanische Häfen einbeziehen oder rund um die britischen Inseln in einem Nordseehafen enden.

3.4.5 Atlantische Inseln und Westafrika

Bei deutschen Kreuzfahrern ist dieses Gebiet sehr beliebt, das die Atlantischen Inseln (Madeira, Kanarische Inseln und Azoren) sowie das Kapverdische Archipel einschließt. Diese Reisen werden häufig als Flug-/Schiffsreise ab Teneriffa oder Gran Canaria nach Marokko und Westafrika angeboten, da Ausgangs- und Zielhafen selten innerhalb dieses Gebietes liegen. Die Atlantischen Inseln sind häufig Ziel von Mittelmeerreisen (Genua, Savona) oder von einem Nordseehafen (Bremerhaven, Amsterdam, Dover) aus. Meist laufen die Schiffe südspanische Häfen, aber auch Casablanca, und Agadir sowie Häfen auf Madeira, Teneriffa, Gran Canaria und Lanzarote an. Selten sind dagegen Häfen auf den Azoren und den anderen Kanarischen Inseln das Ziel, gleiches gilt bei Westafrikareisen (Senegal, Elfenbeinküste). Dies liegt zum einen an der eher geringen Nachfrage und der langen Reisedauer von bis zu 40 Tagen. Hinzu kommen strenge Visa- und Impfvorschriften sowie kriegerische Auseinandersetzungen in einigen Ländern Schwarzafrikas. Die Reisedauer liegt bei Programmen ab Mittelmeer oder Nordsee bei zwölf bis 14 Tagen, ab einem Hafen der Kanarischen Inseln dauern sie meist sieben Tage und werden häufig mit einem Badeaufenthalt kombiniert.

3.4.6 Mittelmeer und Schwarzes Meer

Das Mittelmeer mit dem angrenzenden Schwarzen Meer ist für europäische Kunden das bekannteste und eines der beliebtesten Fahrgebiete der Welt, das die gesamte Palette der Kreuzfahrtarten anbietet. Bei einer siebentätigen Kreuzfahrt besteht die Möglichkeit, drei Kontinente zu besuchen, denn das Fahrgebiet wird im Norden und Westen von Europa, im Süden von Afrika und im Osten von Asien begrenzt. Deutsche wie internationale Reedereien bieten ein große Auswahl an über 100 Zielen im Mittelmeerraum an, die in Reisen zwischen drei Tagen und drei Wochen bereist werden können. Neben meist wöchentlichen Turnusreisen werden auch Flug- und Schiffsreisen sowie Unterbrechungen für einen Badeaufenthalt angeboten. Das Gebiet lässt sich in die einzelnen Teilmeere untergliedern. Das westliche Mittelmeer umfasst die Westküste Italiens über Sizilien, Tunesien, die

Straße von Gibraltar und die Mittelmeerküste Spaniens und Frankreichs. Die wichtigsten Abfahrtshäfen sind Genua, Savona und Barcelona. Die Fahrten werden meist im Rahmen von Turnusfahrten angeboten (z.B. ab Genua und Savona: Neapel, Palermo, Tunis, Palma de Mallorca, Barcelona und Cannes), da im westlichen Mittelmeer im Verhältnis wenige Häfen als Ziele in Frage kommen. Von Palma de Mallorca aus werden wöchentliche Reisen auf Schmetterlingskursen angeboten, die zu einer 14-tägigen Reise kombiniert werden können. Das östliche Mittelmeer ist ein weiteres klassisches Kreuzfahrtrevier, das zu den bevorzugten Gebieten aller Schiffe gehört. Dazu zählt das Gebiet zwischen Griechenland, der West- und Südtürkei, Zypern, Syrien, Libanon, Israel und Ägypten. Die Abfahrtshäfen sind meistens Genua, Venedig oder Piräus. Die gängige Reisedauer liegt hier zwischen zehn und 14 Tagen. Ein weiteres Teilgebiet ist das Schwarze Meer, das durch die Dardanellen und den Bosporus mit dem Mittelmeer verbunden ist. Abfahrtshäfen der meist zweiwöchigen Kreuzfahrten sind auch hier Genua, Venedig oder Piräus. Auf der Route werden Häfen in Kroatien, Griechenland, der Türkei, Bulgarien, Rumänien und der Ukraine angelaufen. Seltener sind Kreuzfahrten bis in den östlichen Teil nach Russland und Georgien. Eine weitere traditionelle Route führt an der Adria, der gesamten Ägäis und der kleinasiatischen Küste der Türkei entlang. Die wichtigsten Häfen sind auch hier Venedig, Genua und Piräus.

3.4.7 Karibische See, Süd- und Mittelamerikas Karibikküste

Obwohl die Karibik mit den geschichtlichen und kulturellen Sehenswürdigkeiten des Mittelmeerraumes nicht konkurrieren kann, hat sie sich durch Lage und Klima sowie durch die Strände und die ethnologische Vielfalt zu einem herausragenden Ziel für US-Amerikaner und Kanadier entwickelt, das inzwischen auch bei Europäern immer beliebter ist. Mehr als die Hälfte der Kreuzfahrtschiffe fährt zeitweise oder ständig in diesem Gebiet, so dass es das meistbefahrene Revier der Welt ist. Zu den wichtigsten Abfahrtshäfen zählen Miami, Fort Lauderdale/Port Everglades und Port Canaveral an der Ostküste und Tampa an der Westküste Floridas. Es werden meist wöchentliche Turnusreisen angeboten, da durch geringe Entfernungen fast jeden Tag ein anderer Hafen angelaufen werden kann. Für die US-Amerikaner zählen vor allem die Einkaufshäfen St. Thomas und Saint Maarten zum Standardprogramm. Die Programme der europäischen Schiffe dagegen bieten ein ausgewogeneres Programm, das auch weniger bekannte Inseln enthält. Eine Besonderheit sind die „Privatinseln" der großen Reedereien, auf die unter *4.3.4* noch näher eingegangen wird.

3.4.8 Ostküste der USA und Kanadas

Das Fahrgebiet an der Ostküste der USA zieht sich von Florida bis in die arktischen Regionen Kanadas und schließt auch die Inselgruppe der Bermudas ein. Die Regierung Bermudas hat die Zahl der Schiffe in ihren Häfen allerdings begrenzt. Das frühere Zentrum der Passagierschifffahrt New York hat seine Bedeutung verloren, die Häfen zwischen New York und Miami werden meist nur während längerer Reisen von Europa in die Karibik angelaufen.

3.4.9 Südamerika und Antarktis

Dieses Fahrtgebiet ist von der Ausdehnung das größte Gebiet. Es erstreckt sich um den gesamten südamerikanischen Kontinent und schließt das pazifische Seegebiet bis zur Osterinsel, der Antarktis und der Insel Südgeorgien ein. Das Kreuzfahrtangebot ist allerdings eher klein und auf wenige Destinationen begrenzt. Dazu zählt die Ostküste Südamerikas ab Rio de Janeiro und Buenos Aires für den lokalen Markt. Große Kreuzfahrten nach Südamerika beginnen und enden meist in Europa und in den USA. Kreuzfahrten um die südamerikanische Spitze, die landschaftlich durch die Fjorde und das Inselgewirr im südlichen Feuerland zum Kap Horn sehr interessant sind, dauern in der Regeln zwischen 14 und 18 Tagen. Expeditionskreuzfahrten suchen die einsamen Inseln im pazifischen Ozean westlich von Chile auf.

3.4.10 Nordamerikas Westküste von Alaska bis Panama

Für amerikanische Passagiere ist das Gebiet ab Panama über Mexiko, USA und Kanada bis nach Alaska das zweitwichtigste Fahrgebiet. Vergleichbar mit Skandinavien für die Europäer reizt die Passagiere die Landschaft. Allerdings sind hier in einigen Regionen wie der Glacier Bay die Besucherzahlen begrenzt. Alle Schiffe, die im Sommer auf Alaska-Kurs sind, bieten im Herbst die Möglichkeit zu Überführungskreuzfahrten in die Karibik und im Frühjahr umgekehrt.

3.4.11 Indischer Ozean, südliches Afrika und Dubai

Das Fahrgebiet wird von drei Kontinenten umschlossen und reicht vom Westen des südlichen Afrika über die Ostküste Afrikas bis zum indischen Subkontinent und der Küste Australiens. Damit ist es eines der größten Fahrgebiete der Welt, das allerdings durch die langen Seestrecken und die klimatischen Bedingungen nur wenige Kreuzfahrtangebote aufweist. Nur von *Star Line* werden im Moment regelmäßige Fahrten ab Mombasa zu den Seychellen, den Komoren, Sansibar und Madagaskar auf unterschiedlichen Routen angeboten. Lediglich auf Positionsreisen bieten viele Fünf-Sterne-Schiffe zum Beispiel Routen von Südafrika über Madagaskar, Mauritius und die Seychellen nach Indien oder Singapur an. Auch bei Weltreisen führen Teilstrecken durch den Indischen Ozean.
Für kürzere Kreuzfahrten soll nun Dubai zur Kreuzfahrt-Drehscheibe für die gesamte Nahost-Region ausgebaut werden. Viele Schiffe laufen das Terminal zwar schon an, aber nur als Durchgangsstation für Rundreisen. Ein erstes Schiff, die *Orient Queen*, hat Dubai bereits als Heimathafen. Das Emirat könnte im Winter eine Alternative zur Karibik bieten, die Flugzeit beträgt nur die Hälfte. Im Jahr 2006 strebt Dubai mehr als 20.000 Kreuzfahrtgäste an.[52] Ab Dezember 2006 geht die *Costa Classica*, als erstes Schiff in das neue Fahrtgebiet. Neben Deutschland sollen auch Italien, Spanien, Frankreich und Österreich wichtige Quellmärkte für die 17 Abfahrten zu einwöchigen Routen in den Oman, nach

[52] Vgl. FVW International, Heft 28/05, S. 64.

Fujairah, Abu Dhabi und Bahrain sein. *Aida Cruises* wird künftig ebenfalls von Dubai aus in See stechen. Gemeinsam wollen *Costa* und *Aida* im ersten Jahr bereits über 60.000 Gäste anlocken.[53]

3.4.12 Australien und Neuseeland

Australien und Neuseeland bilden in der Kombination ein eigenes Fahrgebiet, in dem inzwischen einige Schiffe internationaler Reedereien eingesetzt werden. Vor allem werden die Häfen der Ostküste Australiens und die Häfen der Nord- und Südinsel Neuseelands angesteuert. Besonderheiten stellen hier Expeditionsschiffe dar, die seltene Inseln und die Antarktis anlaufen. Häufig ist die Region auch Ziel von Weltreisen.

3.4.13 Südostasien und Fernost

Das größte und wichtigste Unternehmen in der Region ist *Star Cruises*, das die Schiffe hauptsächlich für den lokalen Markt in Malysia, Singapur, Thailand, China, Korea und Japan auf Kurzkreuzfahrten einsetzt. In diesem Winter soll dieser Raum auch für den internationalen Markt erschlossen werden. So setzt *Costa* die für 760 Passagiere zugeschnittene *Costa Marina* regelmäßig auf zwölf- bis 16-tägigen Kreuzfahrten ab/bis Singapur ein. Geplante Ziele sind Indien, Hongkong, Vietnam, Malaysia, Thailand, Brunei und Indonesien.[54] Aber auch Segelkreuzfahrten werden angeboten und einige Fünf-Sterne-Schiffe nutzen die Region Südasiens als Winterziel.

3.4.14 Pazifischer Ozean, Südsee und Hawaii

In diesem Gebiet liegen nur wenige Inseln und Inselgruppen, weshalb Kreuzfahrten aufgrund der großen Entfernungen meist schwerpunktmäßig angeboten werden. Beispielsweise gibt es wöchentliche Abfahrten ab/bis Honolulu zu den übrigen Inseln des Hawaii-Archipels. Die Routen der Weltreisen führen immer durch die Südsee und auch Expeditionskreuzfahrten zu den selten besuchten Inseln und Atollen werden angeboten.

3.4.15 Rund um die Welt

Weltreisen gibt es in den Wintermonaten auf unterschiedlichen Routen und in unterschiedlicher Länge. Lag die Reisedauer vor 20 Jahren zwischen 70 und 90 Tagen, so zeigt sich in den letzen Jahren die Tendenz zu längeren Weltreisen. Dies lässt sich auf rückläufige Passagierzahlen für die Gesamtstrecke bei gleichzeitig steigender Nachrage nach den Teilstrecken zurück führen, die als Fly & Cruise-Reisen angeboten werden. Weltreisen im Winter 2006/2007 bieten zum Beispiel die *Albatros* (136 Tage), die *Astor* (145 Tage) und die *Europa* (116 Tage) an.

---

[53] Vgl. http://www.touristikreport.de/rd/archiv/5568.php vom 07.03.2006, Zugriff: 15.Mai 2006., FVW International, Heft 06/04, S. 101.

[54] Vgl. Ebd.

Tabelle 5: Fahrgebiete von Hochseekreuzfahrten und ihre Saisonzeiten

Fahrtgebiet		Feb	Mrz	Apr	Mai	Jun	Jul	Aug	Sep	Okt	Nov	Dez
Ostsee						■	■	■				
Nordland/Island						■	■	■				
Grönland/Arktis												
Rund um Großbritannien						■	■	■				
Rund um Westeuropa					■			■				
Westliches Mittelmeer				■	■	■	■	■	■	■		
Rund um Italien					■	■	■	■	■	■		
Östliches Mittelmeer				■	■	■	■	■	■			
Ägypten/Israel	■	■	■	■							■	■
Schwarzes Meer					■	■	■	■	■			
Rotes Meer/Ostafrika/Ind.Ozean	■	■	■								■	■
Atlantische Inseln/Westafrika	■	■	■	■	■			■	■	■	■	■
Karibik/südamerikanische Karibik	■	■	■	■						■	■	■
US-Ostküste/Kanada							■	■	■			
Südamerika	■	■									■	■
Südamerika/Antarktis	■	■										
Mexiko/US-Westküste	■	■	■							■	■	■
Kanada B.C./Alaska						■	■					
Südafrika	■	■									■	■
Südostasien	■	■	■	■			■	■	■	■	■	■
Fernost				■	■	■	■	■	■			
Hawaii	■	■	■							■	■	■
Südsee/Südpazifik				■	■	■	■	■	■			
Australien/Neuseeland	■	■	■							■	■	■
Weltreisen	■	■	■	■								

Hauptsaison (grün) ·

Quelle: http://www.seereisenmagazin.de/027-kreuzfahrtkalender.htm, bearbeitet

3.5 Veranstalter/Reedereien

Wie bereits erwähnt, weist der Markt zwar ein differenziertes Angebot auf, die Anbieterseite allerdings wird durch Konzentrationstendenzen beherrscht und hat einige große internationale Konzerne (mit Sitz in den USA) herausgebildet, die ihre Stellung durch Aufkäufe und Fusionen ausbauen konnten. Nur wenige kleine Veranstalter können sich durch Nischenprodukte am Markt halten. Die Top-Drei der weltweit größten Veranstalter sind die *Carnival Corporation & plc*, *Royal Caribbean Cruise International* und *Star Cruises* (zu den einzelnen Tochterfirmen siehe *Tabelle 10* im Anhang). Diese beanspruchen zusammen 73 Prozent des weltweiten Bettenangebots von 302.604 Unterbetten, so dass auf alle übrigen Reedereien zusammen nur 27 Prozent entfallen.[55] Weiter entfielen auf die drei größten Reedereien im Jahr 2004 zusammen über zehn Millionen Passagiere und eine Flotte von 125 Schiffen, die sich durch Neubauten in den nächsten Jahren noch vergrößern wird.

[55] http://www.cruise-live.de/_files/content/OttoSchuessler111705_132323.pdf, S. 9.

Tabelle 6: Die drei größten Reedereien, Stand 2004

Reederei	Schiffe	Betten	Passagiere	Umsatz in US-$
Carnival Corporation & plc	78	135.008	6.306.168	9,727 Milliarden
Royal Caribbean Int.	29	60.590	3.405.227	4,555 Milliarden
Star Cruises	18	27.457	880.404	1,636 Milliarden

Quelle: http://www.cruise-live.de/_files/content/OttoSchuessler111705_132323.pdf, S. 11-13, eigene Darstellung

Betrachtet man die deutschen Seereiseveranstalter und Reedereien, so zeigt sich ein deutlicher Unterschied zu den amerikanischen Unternehmen: Die Flotten fallen deutlich kleiner aus und damit auch die Bettenzahlen auf dem deutschen Markt. Dennoch kann es sich der deutsche Markt aufgrund seiner Größe leisten, ein eigenes nationales Angebot zu unterhalten, das von deutschen Seereiseveranstaltern und Kreuzfahrtunternehmen sowie deutschen Niederlassungen internationaler Reedereien gestellt wird. Das Angebot wird fast ausschließlich auf dem deutschsprachigen Markt vertrieben.[56] Dabei ist *Aida Cruises* der Marktführer, ein Tochterunternehmen des amerikanischen Konzerns *Carnival*. Auf dem zweiten Platz liegt *Phoenix Reisen*.

Tabelle 7: Deutsche Reedereien und Seereiseveranstalter 2006

Reederei	Schiffe	Betten	Reederei	Schiffe	Betten
Aida Cruises	4	5.379	Delphin	1	716
Phoenix	4	2.339	Vivamare	1	570
Transocean	3	2.070	Deilmann	1	520
Holiday	2	1.391	Plantours	1	297
Hapag Lloyd	4	1.164	Sea Cloud	2	160
Hansa	2	799	Norden	1	62
Gesamt: 26 Schiffe mit 15.457 Unterbetten					

Quelle: http://www.cruise-live.de/_files/content/OttoSchuessler111705_132323.pdf, S. 15, eigene Darstellung

Neben den nationalen Angeboten haben deutsche Interessenten die Möglichkeit, aus einem wachsenden Angebot der internationalen Reedereien zu wählen, die sich mit modernen Kreuzfahrtprogrammen und Nischenprodukten um deutsche Marktanteile bemühen. Im Jahr 2003 verteilten sich die deutschen Passagiere jedoch deutlich zu Gunsten der nationalen Anbieter: 56,3 Prozent der Passagiere buchten ihre Kreuzfahrt bei einem nationalen Anbieter.[57] Auch im Jahr 2005 haben sich zwei von drei deutschen Gästen auch für deutsche Schiffe entschieden. Ein Grund weshalb die Veranstalter in diesem Jahr ihre Kapazitäten erweitern. Rund 20 internationale Reedereien sind derzeit auf dem deutschen Markt aktiv. Sie sind mit eigenen Büros, durch Generalagenturen oder in Veranstalterprogrammen vertreten. Das Buchungsaufkommen ist auf dem deutschen Markt am höchsten bei *Costa Kreuzfahrten, MSC Kreuzfahrten (Mediterranean Shipping Company), Hurtigruten, Royal Caribbean/Celebrity Cruises* und *Norwegian Cruise Line*.[58]

[56] Vgl. DRV-Studie Kreuzfahrtmarkt 2003, S. 6.
[57] Vgl. Ebd. S. 10.
[58] Vgl. http://www.cruise-live.de/_files/content/OttoSchuessler111705_132323.pdf, S. 42f.

IV. Aktuelle Marktsituation

4.1 Weltmarkt

Die Zahl der Passagiere auf dem Gesamtkreuzfahrtmarkt (Hochsee- und Flusskreuzfahrten) im Jahr 2004 lag bei 13.554.200 und bedeutete einen Zuwachs von 11,1 Prozent zum Vorjahr. Der Nordamerikanische Markt ist mit 9,1 Millionen Passagieren (67 Prozent) immer noch der mit Abstand größte Markt. 18 Prozent der Passagiere entfallen auf den Rest der Welt. Der Markt im UK ist mit 1,1 Millionen (acht Prozent) der zweitkleinste gefolgt von Deutschland mit 0,9 Millionen Passagieren (sieben Prozent) in 2004 (*vgl. Abbildung 9*). Mit 0,8 Prozent der deutschen Bevölkerung ist der Anteil der Kreuzfahrer im internationalen Vergleich klein: Zwei Prozent der Briten machten Jahr 2003 eine Kreuzfahrt, in den USA lag der Anteil sogar bei 3,6 Prozent.[59] Deutschland ist inzwischen der drittgrößte Kreuzfahrtmarkt weltweit nach den USA und dem UK und der zweigrößte Markt in Europa. Dennoch entspricht der Entwicklungsstand des deutschen Kreuzfahrtmarktes dem der USA 1987 und des UK von 1996.[60] Für die Zukunft gehen Experten allerdings davon aus, dass die traditionellen Märkte Europa und Nordamerika erhalten Zuwachs durch Australien, Brasilien/Argentinien, Indien und China erhalten werden.[61] Es ist jedoch anzunehmen, dass der US-amerikanische Markt auch in Zukunft der größte Kreuzfahrtmarkt bleiben wird, wenn auch die anderen Märkte sich nach und nach annähern werden.

Abbildung 9: Passagiere Gesamtkreuzfahrtmarkt 2004 in Millionen

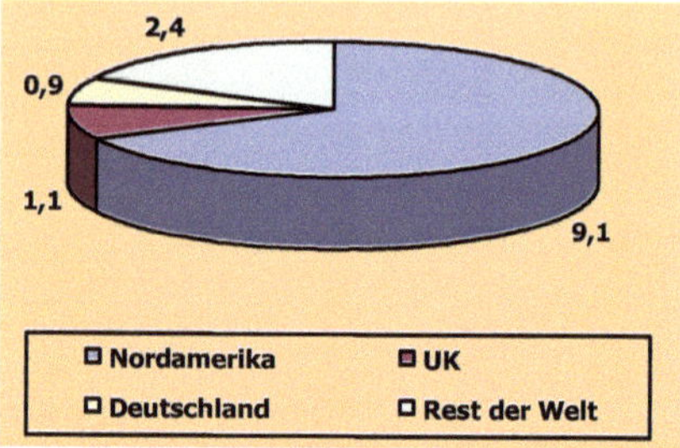

Quelle: http://www.cruise-live.de/_files/content/OttoSchuessler111705_132323.pdf, S. 6,eigene Darstellung

Seit 1970 ist der Markt der Kreuzfahrt in Amerika um über 1.800 Prozent gewachsen und der am schnellsten wachsende Sektor im Tourismus. Über elf Millionen Amerikaner unternahmen 2005 eine Kreuzfahrt. Doch immer noch 84 Prozent haben noch nie eine Kreuzfahrt unternommen, so dass auch hier noch enormes Potential steckt.[62] Das erwartete Wachstum wird immer noch auf rund acht Prozent pro Jahr geschätzt. Über die Hälfte der weltweit existierenden Schiffe bedienen den

---

[59] Vgl. http://www.welt.de/data/2004/08/16/319805.html Die Welt, Artikel vom 16. August 2004, Zugriff am 02. Mai 2006.
[60] Vgl. http://www.cruise-live.de/_files/content/MichaelThamm111705_132246.pdf, Zugriff am 29. Mai 2006
[61] Vgl. http://www.cruise-live.de/_files/content/OttoSchuessler111705_132323.pdf, S. 6f, Zugriff: 29.Mai 2006
[62] Vgl. http://www.cruising.org/press/sourcebook2006/profile_cruise_industry.cfm, Zugriff am 19. Mai 2006

Nordamerikanischen Tourismusmarkt und befahren das Gebiet Karibik, die mittlere Schiffsgröße beträgt dort über 2.000 Personen.[63] In den Jahren 1999-2003 kamen weltweit 70 neue Schiffe zum Einsatz, die ein Bettenangebot von insgesamt 110.000 Unterbetten aufwiesen. Lag die durchschnittliche Bettenzahl in diesem Zeitraum noch bei 1.570 Betten, so wird sie sich bis etwa 2008 um 1.000 Betten auf 2.570 Betten erhöhen.[64] Denn in den nächsten Jahren drängen eine Reihe von neuen Schiffen mit großer Tonnage auf den Markt, allein bis 2007 werden 14 neue Schiffe auf Kiel gelegt (*vgl. Tabelle 8*).

Tabelle 8: Neubauten von Kreuzfahrtschiffen bis 2007

Auslieferung	Reederei	Name	Passgiere
April 2006	*NCL*	*Pride of Hawaii*	*2376*
April 2006	*Royal Caribbean*	Freadom of the Seas	*3634*
Juni 2006	MSC	Musica	2550
Juni 2006	Princess	Crown Princess	3110
Sommer 2006	Costa	Costa Concordia	3004
Februar 2007	Carnival	Freedom	2974
Februar 2007	NCL	Noch offen	2384
April 2007	Aida	Noch offen	2030
Mai 2007	NCL	Noch offen	2430
Frühjahr 2007	Costa	Noch offen	3004
Frühjahr 2007	Princess	Noch offen	3110
Frühjahr 2007	Royal Caribbean	Noch offen	3634
Juni 2007	MSC	Orchestra	2550
Dezember 2007	Cunard	Queen Victoria	2000

Quelle: FVW International, Heft 4/05, S. 83, eigene Darstellung

4.2 Der Markt in Deutschland

Laut der aktuellen Studie des *Deutschen ReiseVerbandes (DRV)* „Der Kreuzfahrtmarkt 2005" wächst der Markt in Deutschland weiterhin ungebremst. Die Passagierzahlen stiegen im Jahr 2005 um 9,6 Prozent auf insgesamt 639.099 Passagiere. Der Umsatz liegt für das Jahr 2005 bei über 1,22 Milliarden Euro und damit um 7,2 Prozent über dem Vorjahr. Wie im allgemeinen Reisetrend zu beobachten, sank auch die durchschnittliche Reisedauer bei Hochseekreuzfahrten, allerdings nur geringfügig auf 9,6 Tage (2004: 9,8 Tage). Der Durchschnittsreisepreis blieb – bei gesunkener Reisedauer – mit 1.913 Euro gegenüber dem Vorjahr (2004: 1.955 Euro) nahezu konstant. Das Passagieralter ist innerhalb von zehn Jahren (1994-2004) von 57,5 auf 48,2 Jahre gesunken und hat den Veranstalter somit eine Reihe neuer Zielgruppen eröffnet.

[63] http://www.lighthouse-foundation.org/index.php?id=113, Zugriff am 19. Mai 2006
[64] Vgl. ebd. S. 14.

Tabelle 9: Entwicklung der Hochseekreuzfahrten 2002-2005

	2002	2003	Veränderung zu 2002	2004	Veränderung zu 2003	2005	Veränderung zu 2004
Passagiere	428.412	537.348	+25,4%	583.043	+ 8,5%	639.099	+9,6%
Passagiernächte	4.325.228	5.377.077	+24,3%	5.736.349	+ 6,7%	6.142.669	+7,1%
Umsatz in Mio. €	878	1072	+22,0%	1140	+6,3%	1220	+7,2 %
Reisepreis in € (ø)	2051	1996	- 2,7%	1955	-2,1%	1913	-2,1%
Tagesraten in € (ø)	203	199,50	- 1,7%	199,00	-0,3%	199,00	± 0%
Reisedauer in Tagen(ø)	10,0	10,0	±0	9,8	-0,2	9,6	-0,2
Passagieralter in Jahren (ø)	49,6	48,5	-1,1	48,2	-0,3	48,3	+0,1

Quelle: FVW International, Heft 06/04 und Heft 06/05, DRV-Statistik „Kreuzfahrtmarkt 2005", eigene Darstellung

Dabei werden laut der *DRV*-Studie 2005 90 Prozent der Buchungen über Reisebüros vorgenommen.[65] Eine leichte Verschiebung lässt sich bei den Reisezielen feststellen: Die europäischen Fahrtgebiete konnten 2005 einen Zuwachs von rund 11 Prozentpunkten verzeichnen. Der Anteil der Kreuzfahrten zu Zielen in der Karibik und nach Übersee reduzierte sich dagegen um 11 Prozentpunkte auf knapp 21 Prozent. Zu den beliebtesten Destinationen bei Hochsee-Kreuzfahrten zählten wie in den Vorjahren das Mittelmeer, das Nordland und die Karibik sowie USA (*vgl. Abbildung 10*).[66]

Abbildung 10: Deutsche Passagieraufteilung nach Hochseedestinationen 2002/2003

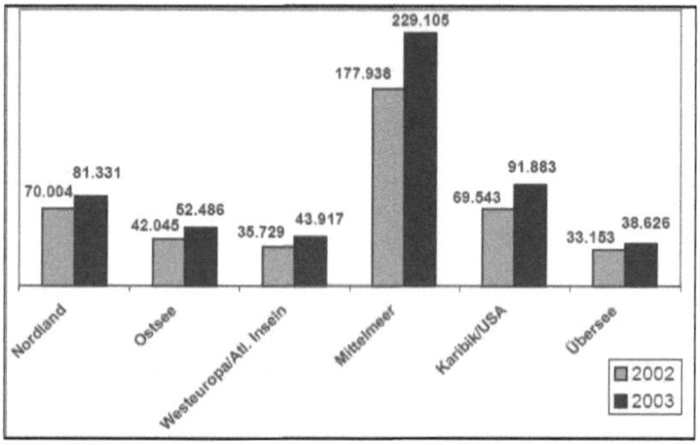

Quelle: DRV-Studie Kreuzfahrtenmarkt 2003, S.17.

In der Studie des *DRV* wurden die Unternehmen auch zu ihren Erwartungen für das Jahr 2006 befragt. Rund 75 Prozent erwarten für das laufende Jahr eine weitere Steigerung der Passagier- und Umsatzzahlen. Mit vier zusätzlichen Schiffen, die 2006 exklusiv auf dem deutschen Markt eingesetzt werden, steigern die deutschen Anbieter ihr Angebot an Passagiernächten um mehr als 750.000.[67] Reisten im Jahr 2005 fast 640.000 deutsche Passagiere auf einem Kreuzfahrtschiff, soll in den nächsten vier Jahren die Millionengrenze erreicht werden. Laut der Reiseanalyse 2005 der *F.U.R.* planen drei Prozent der Deutschen bis 2007 ziemlich sicher eine Kreuzfahrt, weitere zwölf Prozent haben Interesse daran.[68]

[65] Vgl. FVW International, Heft 08/06, S. 68-70.
[66] Vgl. Pressemitteilung des DRV zur DRV Kreuzfahrt-Studie 2005 vom 9. März 2006.
[67] Vgl. ebd.
[68] Vgl. Reiseanalyse 2005 der F.U.R., S. 102.

Abbildung 11 veranschaulicht abschließend noch einmal die Entwicklung der Passagierzahlen seit 1998, die eine – wenn auch im Vergleich zum amerikanischen Markt kleine – Steigerung von 108 Prozent aufweisen können.

Abbildung 11: Passagierentwicklung Hochseekreuzfahrt in Deutschland 1998-2005

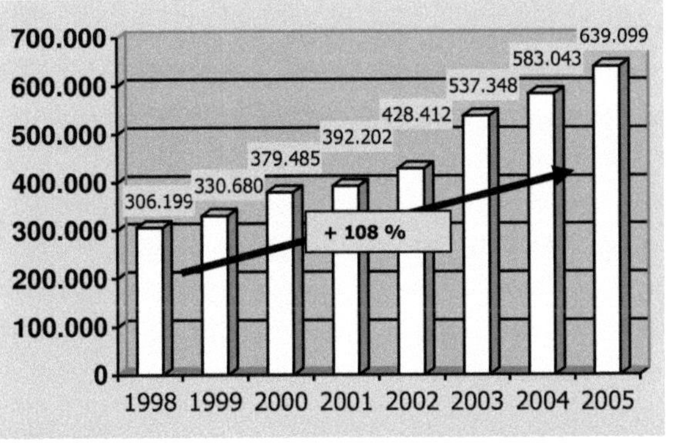

Quellen: http://www.cruise-live.de/_files/content/OttoSchuessler111705_132323.pdf, S. 16, 2005 aus DRV-Statistik „Kreuzfahrtmarkt 2005", eigene Darstellung

4.3 Aktuelle Probleme

Obgleich die Zahlen der Branche ein rosiges Bild des Kreuzfahrttourismus liefern, bleiben Probleme auch in diesem Segment des Tourismus natürlich nicht aus. So hat sich nicht zuletzt durch die Konzentrationstendenzen ein enormer Preiskampf entwickelt, der zahlreiche kleine Veranstalter vom Markt verdrängt hat. Außerdem bringt auch die Tendenz zu immer größeren Schiffen und ausgefalleneren Zielen ökologische Probleme mit sich, die aufgrund der uneinheitlichen Zuständigkeiten in manchen Gebieten nur schwer durch Gesetze zu regeln sind. Zuletzt gilt es auch noch das Augenmerk auf die sozialen und ökonomischen Probleme durch den Kreuzfahrttourismus zu richten, die mit der Beschäftigung billiger Arbeitskräfte, der Fahrt unter fremden Flaggen und geringem wirtschaftlichem Nutzen für die angelaufenen Hafenstädte zu tun haben.

4.3.1 Konkurrenz und Preiskampf auf dem deutschen Markt

Der deutsche Kreuzfahrtmarkt hat sich in den letzten zehn Jahren strukturell von Grund auf gewandelt. Inzwischen sind alle deutschen Touristikkonzerne aus dem Spezialsegment Kreuzfahrten ausgestiegen. So hat die *TUI* ihre renommierte Seereisemarke *Seetours* bereits vor Jahren verkauft, *Thomas Cook* hat die Marke *Neckermann Seereisen* in ein reines Vermittlungsgeschäft verwandelt, der *Rewe*-Konzern hat den einstigen Marktführer *Jahn-Seereisen* aus dem Geschäft genommen und agiert mit *Dertour* ebenfalls nur im Vermittlungsbereich. Dadurch wurde der Weg frei für die Expansionspolitik des amerikanischen Großkonzerns *Carnival*. Unter dem Dach der *Carnival*-Organisation hat sich ein weltmarktbeherrschendes Kreuzfahrten-Imperium gebildet, zu dem neben der Kernmarke *Carnival* weitere Reedereien wie *Cunard, P&O, Holland America Line, Costa Cruises, Aida Cruises* und andere gehören (siehe *Tabelle 10* im Anhang). Für den deutschen Markt bedeutend sind die beiden 100-prozentigen *Carnival*-Töchter *Costa* und *Aida Cruises.* Durch eine beispiellose Aufstockung der Tonnage erhöhnte sich die Bettenzahl in den letzten Jahren um 380 Prozent. Auch andere zogen in gleichem Maße nach und die Tendenz ist weiter steigend, wie schon die Tabelle der Neubauten bis 2007 gezeigt hat. Um nun ihre gewaltigen Verkaufsziele erreichen zu können, müssen die Reedereien für alle europäischen Absatzmärkte ein rigoroses Yield-Management umsetzen. Preisnachlässe bis zu 50 Prozent sind dabei keine Seltenheit mehr.[69]

Für die deutschen Reisebüros bedeuten die ständigen Preisnachlässe einen erheblichen Beratungsaufwand. Die Verkaufspreise werden von den Reedereien ständig an die Auslastungssituation angepasst. So folgt dem Prospektpreis ein reduzierter Frühbucherpreis, diesem ein reduzierter Gruppenpreis, anschließend ein auch für Individualbucher zugänglicher Partnerpreis etc. Dadurch kommt es immer häufiger vor, dass zwischen Früh- und Last-Minute-Buchern eine Preisdifferenz von 40 bis sogar 50 Prozent aufkommt. Als Vorbild dient dabei das Yield-Management der Fluggesellschaften. So ist es auch möglich, dass der Preis bei gut verkauften Reisen auch steigt und Reedereien ihre publizierten Gruppenreisen wiederrufen. Kreuzfahrtexperten rechnen auch damit, dass bald auch der Tagespreis, wie er aus dem Bereich der Airlines bekannt ist, im Kreuzfahrtgeschäft Einzug halten wird.[70]

4.3.2 Die neue Klasse der Gigaliner

Aus den zahlreichen Schiffen, die mit neuer Tonnage auf den Markt drängen, ergeben sich aber neben der weiter verschärften Konkurrenzsituation noch weitere Probleme. Noch Ende der 1980er Jahre galten Schiffe, die 2.000 Passagiere aufnehmen können in Deutschland als Horrorvision. Heute symbolisieren diese Megaliner ein Meilenstein in der Kreuzfahrtentwicklung. Dabei stellt sich allerdings die Frage, wo diese Generation „Megaliner“ zu Ende ist und wo eine neue anfängt. Die Schwelle dürfte wohl die Reederei *Cunard* mit der *Queen Mary* 2 gesetzt haben. Denn obwohl sie nur etwa zehntausend Tonnen größer ist als das vor ihr größte Schiff, wurde sie als Fixpunkt wahrgenommen. Bestätigt wird dies dadurch, dass die jetzt wiederum zehntausend Tonnen größere *Freedom of the Seas (RCI)*, die vor kurzem in Dienst gestellt wurde, nicht annähernd so viel Aufmerksamkeit erhält. Sie ist mit 158.000 BRT das größte Kreuzfahrtschiff der Welt und bietet Platz für über 3.600 Passagiere. Seit Juni unternimmt das 860-Millionen-Dollar teure Schiff von Miami aus Turnusfahrten in die Karibik.[71]

[69] http://www.touristikreport.de/rd/archiv/5568.php vom 21.10.2004, Zugriff am 13. Mai 2006.
[70] Gespräch mit Claudia Winfelder, *Winfelder Seereisen* in Nürnberg.
[71] Vgl. http://www.touristikreport.de/rd/archiv/5568.php vom 07.03.2006, Zugriff am 13.Mai 2003

Abbildung 12: Das derzeit größte Schiff der Welt: Die Freedom of the Seas

Quelle: http://www.seereisenmagazin.de/Index-FREEDOM-3044.jpg

Es wird wohl erst die nächste Generation von Schiffen, die durch ihre Größe einen deutlichen Sprung markiert – und die Grenze von 200.000 BRZ überschreitet – Anspruch auf eine neue Klassifizierung haben, die das *SeereisenMagazin* passend als „Gigaliner“ [72] bezeichnet. Die weltweit zweitgrößte Reederei *Royal Caribbean International* hat das erkannt und Anfang Februar mit der *Genesis* ein Schiff der neuen Generation bestellt: Ein Luxusschiff mit 220.000 BRZ und Platz für 5.400 Passagiere. Kosten: eine Milliarde Euro. Die Option für ein zweites Schiff ist bereits gesichert. Das *SeereisenMagazin* schrieb dazu in der Ausgabe 3/2006: „Hat man den Rausch der Zahlen-Gigantomanie abgestreift, folgt für den Passagier natürlich die nüchterne Frage nach dem Nutzen solcher Schiffe. Ob neben dem eigenen nun 1500 oder 5000 weitere Betten an Bord zu finden sind, mag den Passagier zunächst wenig interessieren. Insbesondere dann, wenn auf einem solchen Riesenschiff schon wieder eine ‚regionale Unterteilung' einsetzt, man also bei sehr unterschiedlichen Kabinenkategorien, zu denen dann auch bestimmte Restaurants gehören (...) eigentlich ein ‚Schiff-im-Schiff-System' – ähnlich dem Mehrklassensystem des Transatlantik-Zeitalters – hat.“[73]

Die Abfertigung der Passagiere wie auch das Vorgehen bei Landgängen könnte zu Problemen führen. Denn die „Gigaliner“ laufen nicht nur Metropolen an, die eine große Zahl von Besuchern verschmerzen können. In kleinen Orten kommt es schnell zu einem Missverhältnis zwischen Einwohnerzahl und Touristen. Bereits jetzt zeigen sich in einigen Zielgebieten lange Warteschlangen, wenn mehrere große Schiffe gleichzeitig im Hafen liegen. Auch die Zahl der möglichen Ziele ist begrenzt und viele kleinere Häfen fallen aus der Routenplanung. Deshalb engagieren sich finanzstarke Reedereien wie *MSC* und *Costa* bereits beim Hafenausbau und verfügen zum Teil über eigene Terminals. Mit dem steigenden Angebot macht es für die großen Reedereien nicht nur Sinn, in Häfen zu investieren, sie erschließen auch neue Zielgebiete.[74]

Ein weiteres Problem besteht bei den Rettungsmitteln an Bord. Der *ISPS-Code* fordert, dass die Ausbootung aller Passagiere in dreißig Minuten geschehen soll. Dies kann wohl kaum erfüllt werden, wenn 5.000 Personen erst einmal an Deck finden müssen. Lösungsansätze schlagen etwa Rettungskapseln am Ende jedes Kabinenganges vor, die über Rutschen ins Wasser gleiten können. Dies stößt allerdings bei den Reedereien auf Ablehnung: zu viel Platz geht für teure Außenkabinen

[72] http://www.seereisenmagazin.de/003-editorial.htm, Ausgabe 3/2006, Zugriff am 13. Mai 2006
[73] Ebd.
[74] Vgl. http://www.touristikreport.de/rd/archiv/5568.php vom 07.03.2006, Zugriff am 13.Mai 2006.

verloren. „Die investitionsbereiten Großreedereien mögen es glauben oder nicht: Das Größenwachstum herkömmlicher Kreuzfahrtschiffe hat ein Ende, und dieses Ende ist absehbar. Wenn jemand eine Woche das blaue Meer um sich sieht, es aber nicht erreichen kann, weil keine Insel mehr die Kapazität hat, entsprechend viele Strandurlauber abzufertigen und aufzunehmen, dann schwindet die Begeisterung und mit ihr die Passagierzahlen."[75] Das bedeutet jedoch nicht, dass es nicht schon Entwürfe für die Schiffe der Zukunft gibt: „große, dicke Hausboote, die sich nur mühsam fortbewegen können, (...) schwimmende Inseln gar, mit Bade-, Surf- und Tauchmöglichkeit. Mit einem Schiff allerdings haben sie weder die Form noch die Eigenschaft als Transportmittel gemein, sondern lediglich die Idee, den Urlaubsort vom Land aufs Wasser zu verlagern."[76]

Abbildung 13: Das Schiff der Zukunft? Pläne der französischen Firma Alstom

Quelle: http://www.marine.alstom.com/home/Products/innovative/jules/_files/file_574_33008.jpg

4.3.3 Ökologische Probleme

Durch das starke Wachstum im Kreuzfahrtbereich ist auch die Verschmutzung der Umwelt und das Vordringen in ökologisch sensible Regionen ein Problem. Ein typisches Kreuzfahrtschiff erzeugt auf einer einwöchigen Reise rund 50 Tonnen Abfall, 7,5 Millionen Liter Brauchwasser, 800.000 Liter Abwasser und 130.000 Liter ölhaltiges Wasser. Etwa 75 Prozent der gesamten Abwässer von Schiffen werden von Kreuzfahrtschiffen verursacht. Zahlreiche Fälle von Meeresverschmutzungen durch Kreuzfahrtschiffe wurden bereits offiziell verfolgt, die Dunkelziffer dürfte allerdings um ein vielfaches höher liegen. Denn die Entsorgung erfolgt meist außerhalb kontrollierbarer Hoheitsgewässer oder in den Gewässern solcher Staaten, die Umweltverschmutzungen gegen Gebühren dulden.[77] Dennoch hat der Schiffstourismus durch moderne Technologien an Bord der Schiffe das Potential, eine der heute verfügbaren Reiseformen mit dem geringsten Einfluss auf die Umwelt zu werden.

Doch nicht nur die technische Seite hat Einfluss auf die ökologischen Auswirkungen von Kreuzfahrten. Kreuzfahrtschiffe können sensible, naturbelassene Gegenden besuchen, die auf anderem Wege nicht erreichbar sind. Dies gilt besonders für die Arktis. Darüber hinaus machen unterschiedliche gesetzliche Anforderungen, die Größe der Region und das Fehlen eines zentralen Ansprechpartners die Situation sehr komplex. Die *International Association of Antarctica Tour Operators* ist die zentrale Anlaufstelle für Fragen im Hinblick auf Antarktis-Kreuzfahrten. Ob die Veranstalter der Arktis diesem Modell folgen ist nicht sicher. Doch der Kreuzfahrttourismus im

[75] http://www.seereisenmagazin.de/003-editorial.htm, Ausgabe 3/2006, Zugriff am 13. Mai 2006.
[76] Vgl. Ebd.
[77] http://www.lighthouse-foundation.org/index.php?id=113

Nordmeer ist ein wirtschaftlicher, sozialer und ökologischer Einflussfaktor, so dass es wichtig ist, die arktische Natur und Kultur zu erhalten.[78] Die Zahl der Polarurlauber stieg in den letzten zehn Jahren jährlich um mehr als acht Prozent. 2005 buchten rund 23.000 Passagiere eine Expeditionskreuzfahrt in arktische Regionen. Allerdings hat der Kreuzfahrtourismus dort seine Grenzen, die ökologisch sensible Region kann dem Tourismus nicht unkontrolliert geöffnet werden. Schiffe mit mehr als 500 Passgieren sind generell verboten, unter 200 Passagieren ist die Anlandung überall gestattet. Allerdings dürfen pro Anlandung nur 100 Passagiere an Bord gehen, für jeweils 20 Gäste muss ständig eine Begleitperson dabei sein. Da die Saison mit drei Monaten extrem kurz ist, ist die Zahl der Abfahrten und Wachstumsmöglichkeiten des Marktes allerdings von Natur aus begrenzt.[79]

4.3.4 Soziale und ökonomische Probleme

Häufig werden im Zusammenhang mit dem Kreuzfahrttourismus auch soziale und ökonomische Probleme angesprochen, sowohl auf den Schiffen, als auch in den angelaufenen Regionen.

Es gibt Befürchtungen, dass es in kleinen Hafenstädten, die weniger Einwohner haben als ein durchschnittliches Schiff, zu negativen Veränderungen der Wirtschaft und der Gesellschaft kommt, wenn diese Jahr für Jahr von vielen Kreuzfahrtschiffen angelaufen werden. Ein anderer Aspekt ist auch der Kontakt zu Ureinwohnern. Immer mehr Veranstalter von Arktiskreuzfahrten integrieren zum Beispiel auch Besuche bei den Gemeinschaften der Ureinwohner in ihren Reiseplan. Diese haben oft noch keine Strategie entwickelt, um mit den Touristenströmen fertig zu werden und auch ihre Infrastruktur wird auf das äußerste belastet.[80]

Doch auch die gegenteilige Entwicklung ist problematisch. So machen einige amerikanische Tauchkreuzschiffe mit mehr als 300 Tauchern in sensiblen Riffgebieten fest ohne die Häfen in der Nähe überhaupt noch anzulaufen. Dadurch erhält die Bevölkerung der Gegend keinerlei wirtschaftlichen Vorteil mehr. In die gleiche Richtung gehen Entwicklungen der Kreuzfahrtgesellschaften zu Fantasiethemen und Simulationen. Der neueste Trend sind sogenannte „Fantasie-Inseln", die den Kreuzfahrtgesellschaften selbst gehören. Nur Passagiere und Angestellte haben Zutritt und vermarktet wird das Ganze als wahres Karibikerlebnis. Von den acht größten Kreuzfahrtgesellschaften besitzen sechs Privatinseln. Es sind *Half Moon Cay*, *Casaway Cay*, *Great Stirrup Cay*, *Princes Cay*, *Serena Cay*, *Coco Cay* und *Labadee*. Letztere ist eigentlich keine Insel sondern Teil von Haiti, bewacht von bewaffneten Patrouillen. Um den Touristenträumen gerecht zu werden baggerte Disney Sand aus der *Casaway Cay Bucht* und brachte diesen auf den Stränden der Insel aus. Es ist verständlich, dass Privatinseln als Kreuzfahrtziel von den karibischen Ländern mit Skepsis betrachtet werden, da dadurch lokale Häfen aus den Rouenplänen herausgenommen werden. Alle Einnahmen aus Vermietung von Schnorchelausrüstungen, Hütten und Booten, wie auch dem Verkauf von Getränken und Souvenirs aus eigenen Läden und Märkten gehen direkt an die Kreuzfahrtgesellschaften selbst und der bereits sehr reduzierte Gewinn für die karibische Wirtschaft

[78] http://www.lighthouse-foundation.org/index.php?id=111
[79] Vgl. FVW International, Heft 31/05, S. 72/73.
[80] http://www.lighthouse-foundation.org/index.php?id=111

wird noch weiter ausgehöhlt. Die Schaffung von Privatclubs für Passagiere in den Anlaufhäfen bedeutet die gleiche Negativentwicklung in der Abschottung der Kreuzfahrttouristen und ihres Geldes. Ein großes Problem stellt auch seit jeher die Flaggenproblematik dar. Die Flagge, unter der ein Schiff fährt, zeigt nicht nur die Staatszugehörigkeit an, sondern unterstellt es gleichzeitig der Staatsgewalt und Rechtsordnung des jeweiligen Staates. Der Erfolg vieler Reedereien basiert darauf, Arbeitsrechtsgesetze, Steuern und Seerechtsgesetze in den Heimatländern zu umgehen, indem sie sich bestimmte *FOC*-Ländern (*flags of convenience*, im allgemeinen Panama, Liberia oder Bahamas) aussuchen. So lassen sich vor allem Personalkosten einsparen, da in beliebigem Umfang ausländische Arbeitskräfte angestellt werden dürfen, die nicht nach heimischen Konditionen bezahlt werden müssen. Arbeitsrechtsgesetze zum Schutz der Arbeiter gibt es praktisch nicht und wo es sie gibt, können sie leicht verändert werden. Zum Beispiel erreichten die Kreuzfahrtreedereien über eine Ausnahmegenehmigung die Freistellung von der Einhaltung eines freien Tages in Panama, der eigentlich garantiert ist. Die meisten Angestellten arbeiten an sieben Tagen pro Woche mit nur ein paar Stunden Ruhezeit – durchgehend sechs Monate. Auf den meisten Schiffen gibt es eine klare ethnische Hierarchie: norwegische oder italienische Offiziere, westeuropäische und nordamerikanische Belegschaft, karibische und osteuropäische Mannschaft.

Als Extrem-Beispiel sei hier nochmals die Karibik angeführt: Auf allen Kreuzfahrtschiffen, die in der Karibik fahren, gibt es nur etwa sieben Prozent einheimische Angestellte. Die Gesellschaften sind zu 100 Prozent nicht-karibisch und ihre Ziele gehören ihnen wie bereits weiter oben beschrieben mehr und mehr selbst. Dadurch profitieren sie nicht einmal mehr von Ladgängen oder Übernachtungen an Land. Die Schiffe in der karibischen See liegen außerhalb der Gerichtsbarkeit der karibischen Staaten.[81] Ein Entwicklung, die bedenklich ist und in Zukunft sicher zu heftigen Auseinandersetzungen in der Region führen wird.

V. Persönliches Fazit

Die vorliegende Arbeit hat versucht, einen Überblick über die Branche der internationalen Seekreuzfahrten zu geben. Schon die geschichtliche Entwicklung hat deutlich gezeigt, dass die Kreuzfahrtbranche von Anfang an von technologischen Innovationen stark geprägt war und dass die Reedereien oftmals nur träge auf neue Trends reagiert haben. Dies hat vor allem den deutschen Markt auch in jüngerer Vergangenheit noch belastet. Erst in den 1990er Jahren kam durch den Markteintritt der *Aida Cruises* Bewegung in die Branche. Doch die Arbeit hat deutlich gezeigt, dass das Wachstum des Marktes noch nicht zu Ende ist. Die Branche des internationalen Kreuzfahrttourismus wird auch in den nächsten Jahren weiter wachsen, die Schiffsneubauten alleine zeigen dies deutlich. Für den deutschen Markt gehen Prognosen davon aus, dass bis zum Jahr 2010 eine Million Menschen eine Kreuzfahrt unternehmen wird. Für die Zukunft ergibt sich daher noch viel Potential. Durch immer neue Innovationen bei Schiffen, Routen und Reisearten bleibt der Markt attraktiv und weckt auch das

[81] http://www.lighthouse-foundation.org/index.php?id=112

Interesse immer neuer Zielgruppen. Dabei wird es wohl so sein, dass die großen Reedereien es den mittleren und kleinen Unternehmen durch ihre Preispolitik weiter schwer machen werden, sich auf dem Markt zu halten. Weitere Fusionen und Aufkäufe werden wohl kaum zu verhindern sein. Die einzige Möglichkeit für die kleineren Reedereien und Veranstalter besteht darin, erfolgreich eine Nische zu besetzen. Der Luxuskreuzfahrtenmarkt mit kleinen, exklusiven Schiffen wurde in diesem Zusammenhang bereits angesprochen. Anbieter dagegen, die sich Trends völlig verweigern, werden es sehr schwer haben, wenn es sich nicht gerade um Traditions-Reedereien wie *Deilmann* handelt, die sich auf ein festes Stammpublikum stützen können. Doch junge Zielgruppen völlig zu ignorieren kann sich niemand leisten. Denn die Stammkunden von heute werden irgendwann einmal sterben, so dass die Reedereien und Veranstalter immer auf der Suche nach neuen Kunden sein müssen. So hat sich auch *Deilmann* dem Trend der Themenkreuzfahrten unterworfen, um auf dem Markt attraktiv zu bleiben.

Einige Aspekte des Themas „Internationale Seekreuzfahrten“, die hier nur oberflächlich behandelt werden konnten, würden sich durchaus für eingehendere Untersuchungen anbieten. Gerade auch, weil wissenschaftliche Literatur über den Kreuzfahrttourismus kaum zu finden ist und wenn es sie doch gibt, ist sie meist veraltet. Eigentlich verwunderlich, da die Branche doch der am schnellsten wachsenden Sektor im Tourismus ist und von daher schon eine ausführliche Durchleuchtung verdient hätte. Darüber hinaus wäre es erfreulich, wenn es über die negativen Auswirkungen des Kreuzfahrttourismus (ökologisch, ökonomisch und sozial) mehr Literatur gebe und sich auch die Veranstalter kritischer und vor allem öffentlich mit diesen Themen auseinander setzen würden. Bei den Recherchen zu dieser Arbeit war es schwer, Artikel oder gar Studien zu finden, die sich überhaupt mit den negativen Auswirkungen des schnellen Wachstums der Branche beschäftigen. Bei den Touristik-Zeitschriften liegt dies ganz sicher in der ökonomischen Abhängigkeit von den Anzeigen der Kreuzfahrtreedereien und –veranstalter, die auf jeder Kreuzfahrt-Seite zu sehen sind. Journalistisch zwar verwerflich ist es jedoch oft Realität, dass die Anzeigenabteilung hier einen großen Einfluss auf die Berichterstattung ausübt. Aber auch kostenlose Kreuzfahrten für Reisejournalisten färben die Berichterstattung allzu oft positiv. Dass von Seiten der Reisebüros wenig Kritik geübt wird, wenn sie nicht gerade selbst durch den Preiskampf betroffen sind, ist auch nachvollziehbar, werden doch 90 Prozent der Kreuzfahrten über Reisebüros abgewickelt und stellen daher eine gute Einnahmequelle dar. Aber auch die amerikanische *CLIA* ist eine Vereinigung der US-Amerikanische Reedereien, die wohl kaum schlecht über ihre eigenen Praktiken schreiben wird. Und auch die Studien des *DRV* werden kaum sehr kritisch mit ihren „Kunden“ aus der Kreuzfahrtbranche abrechnen.

VI. Literatur

Bücher und Studien:

- Baumann, Ewald J./Mundt, Jörn W.: Kreuzfahrten. In: Mundt, Jörn W.: Reiseveranstaltung. Lehr- und Handbuch. München/Wien 2000. S. 283-311.
- Ward, Douglas: Berlitz Complete Guide to Cruising & Cruise Ships 2001. London 2000
- Bissias, Konstantin: Klein, aber fein – der Markt für Segelkreuzfahrten in Deutschland. Im Internet: http://www.cruise-live.de/_files/content/KonstantinBissias120605_093550.pdf, Zugriff am 29. Mai 2006
- CLIA: The Overview Spring 2005
- CLIA: 2006 Cruise Market Profil
- DRV: Der Kreuzfahrtenmarkt Deutschland 2003
- DRV: Fakten und Zahlen zum deutschen Reisemarkt 2005
- DRV-Pressinformation: Kreuzfahrten sind hoch im Kurs vom 9. März 2006
- F.U.R.: Reiseanalyse 2005
- Schäfer, Christian: Kreuzfahrten. Die touristische Eroberung der Ozeane. Nürnberg 1998.
- Schüßler, Otto: Die Kreuzfahrt-Trends 2006. Im Internet: http://www.cruise-live.de/_files/content/OttoSchuessler111705_132323.pdf, S. 6f, Zugriff: 29.Mai 2006 http://www.cruise-live.de/_files/content/OttoSchuessler111705_132323.pdf, Zugriff am 29. Mai 2006
- Schüßler, Otto: Passagier-Schifffahrt. Ein Handbuch für Reiseverkehrskaufleute in Ausbildung und Praxis. Frankfurt 2001.
- Seitz, Erwin/Wolf, Jakob (Hg.): Tourismusmanagement und -marketing. Landsberg/Lech 1991, S. 139-161.
- Steinbach, Josef: Tourismus. München/Wien 2003, S. 286-298.
- Sülberg, Werner: Der Best-Ager-Boom – neue Zielgruppen und Zukunftschancen für Kreuzfahrten. Im Internet: http://www.cruise-live.de/_files/content/Suelberg112205_095538.pdf, Zugriff am 29. mai 2006
- Thamm, Michael: Wachstum auf dem Wasser – geht der Kreuzfahrtboom in die nächste Runde? Im Internet: http://www.cruise-live.de/_files/content/MichaelThamm111705_132246.pdf, Zugriff am 29. Mai 2006

Zeitschriften:

- FVW International 01/06, S. 70/71
- FVW International 03/06, S. 82/83
- FVW International 04/06, S. 84/85
- FVW International 06/06, S. 100/101 und S. 102/103
- FVW International 08/06, S. 64-67, S. 68/69, S. 70/71, S. 73 und S.74/75
- FVW International 10/06, S. 78/79
- FVW International 01/05, S. 72/73
- FVW International 03/05, S. 84/85
- FVW International 04/05, S 82-83

- FVW International 05/05, S. 160
- FVW International 6/05, S. 98/99
- FVW International 8/95, S. 62-65 und S.69
- FVW International 10/05, S. 68/69
- FVW International 11/05, S. 91
- FVW International 13/05, S. 72/73
- FVW International 17/05, S. 66/67
- FVW International 20/05, S. 68/69
- FVW International, 21/05, Spezial: Kreuzfahrten und Fähren, S. 6-10, S. 12-14., S- 16-18, S. 26-30 und S. 32-45,
- FVW International 24/05, S. 112/113
- FVW International 28/05, S. 64
- FVW International 30/05, S. 64/65
- FVW International 31/05, S. 72/73
- FVW International 01/04, S. 74/75
- FVW International 03/04, S. 74
- FVW International 05/04, S 180
- FVW International 06/04, S. 92/93
- FVW International 08/04, S. 64-66, S. 68, S. 72/73, S. 75 und S. 77
- FVW International 19/94, S. 74/75
- FVW International 22/04, S. 80/81
- FVW International 23/04, S. 86
- FVW International 26/04, Spezial: Kreuzfahrt, S. 6, S. 8-10, S. 21-27 und S. 30-32
- SeereisenMagazin Ausgabe 03/20006, Im Internet: http://www.seereisenmagazin.de, Zugriff am 13. Mai 2006
- Touristik R.E.P.O.R.T., http://www.touristikreport.de/rd/archiv/5568.php (Meldungen zur Kreuzfahrt 2004-2006), Zugriff am 13. Mai 2006.

Internet:

- Kaufmann, Sabine: Die Geschichte der Kreuzfahrt. Im Internet: http://www.planet-wissen.de/pw/Artikel,,,,,,,064E881431556C05E0440003BA5E08D7,,,,,,,,,,,,,,.html, Zugriff am 24. April 2006
- F.A.Z.: Die Kreuzfahrt lockt, 10.05.2006, Nr. 108 / Seite 13, Im Internet: http://www.faz.net/s/Rub5CAECB7768E046A3976500B4D416A560/Doc~E4E9DC15F59524DC6A6208468DE6B8DFB~ATpl~Ecommon~Scontent.html, Zugriff am 20. Mai 2006.
- Die Zeit: Nur das Meer braucht keiner mehr, Im Internet: http://www.zeit.de/archiv/2001/24/200124_z-kreuzfahrt.1.xml?page=all
- Netzeitung: Kreuzfahrten für die Elite auf kleinen Schiffen. 09. Mai 2006 http://www.netzeitung.de/reise/397319.html, Zugriff am 20. Mai 2006.
- Welt am Sonntag: Größtes Kreuzfahrtschiff in Hamburg, 16. April 2006,Im Internet: http://www.wams.de/data/2006/04/16/874827.html, Zugriff am 20. Mai 2006

- Welt am Sonntag: Neue Deutsche Welle, 5.Februar 2006, Im Internet: http://www.wams.de/data/2006/02/05/840029.html?s=2, Zugriff am 20. Mai 2006
- www.cruising.org, Zugriff am 20. Mai 2006
- http://www.cruiseserver.net/travelpage/other/new_build.asp, Schiffsneubauten bis 2009, Zugriff 22. Mai 2005
- http://www.cruzship.de, Zugriff 26. April 2006.
- www.easycriuse.com, Zugriff am 02. Mai 2006
- http://www.derkreuzfahrer.de, Informationen zu Schiffen und Reedereien, Zugriff am 02. Mai 206.
- http://www.hamburg.de/artikel.do?ok=15898&teaserId=465625&uk=21462&cid=6373313, Zur Geschichte der Kreuzfahrt, Zugriff 28. April 2006.
- http://www.hlkf.de, Hapag Lloyd Kreuzfahrten, Zugriff am 26. April 2006
- http://www.kreuzfahrt-experten.de, Zugriff am 20. Mai 2006
- http://www.lighthouse-foundation.org/index.php?id=111, Zugriff am 20. Mai 2006
- http://www.lighthouse-foundation.org/index.php?id=112, Zugriff am 20. Mai 2006
- http://www.lighthouse-foundation.org/index.php?id=113, Zugriff am 20. Mai 2006
- www.ruderhaus.de, Zugriff 26. April und 20. Mai 2006
- http://www.travelshop.de, Zugriff am 20. Mai 2006

Sonstiges:

- Gespräch mit Claudia Windfelder (Tel.: 0911/9378000), Windfelder Seereisen Nürnberg, Reisebüro für Kreuzfahrten, am 23. Mai 2006
- Diverse Kataloge aus dem Reisebüro Windfelder

VII. Anhang

Tabelle 10: Unternehmen und Flottenliste

CARNIVAL CORPORATION & PLC					
CARNIVAL CRUISES	**HOLLAND AMERICA LINE**	**PRINCESS CRUISES**	**COSTA CRUISES**	**P & O CRUISES**	**CUNARD LINE**
HOLIDAY 1985	AMSTERDAM	CARIBBEAN PRINCESS	COSTA ALLEGRA ex Alexandra ex Regent Moon ex Annie Johnson	ARCADIA	QUEEN ELIZABETH II
CELEBRATION 1987	MAASDAM	CORAL PRINCESS	COSTA ATLANTICA	ARTEMIS ex Royal Princess	QUEEN MARY II
FANTASY 1990	NOORDAM	DAWN PRINCESS	COSTA CLASSICA	AURORA	**QUEEN VICTORIA NEUBAU 12 / 2007**
ECSTASY 1991	OOSTERDAM	DIAMOND PRINCESS	COSTA EUROPA ex Westerdam ex Homeric	OCEANA ex Ocean Princess	
SENSATION 1993	PRINSENDAM ex Seabourn Sun ex Royal Viking Sun	GOLDEN PRINCESS	COSTA FORTUNA	ORIANA	
FASCINATION 1994	ROTTERDAM	GRAND PRINCESS	COSTA MAGICA	**VENTURA NEUBAU 04 / 2008**	
IMAGINATION 1995	RYNDAM	ISLAND PRINCESS	COSTA MARINA ex Axel Johnson ex Italia / ex Regent Sun	**P & O CRUISES AUSTRALIA**	**SEABOURN CRUISE LINE**
INSPIRATION 1996	STATENDAM	PACIFIC PRINCESS ex R Three	COSTA MEDITERRANEA	PACIFIC SKY ex Sky Princess	SEABOURN LEGEND ex Royal Viking Queen
CARNIVAL DESTINY 1996	VEENDAM	bis 11 / 2006 REGAL PRINCESS	COSTA ROMANTICA	PACIFIC SUN ex Jubilee	SEABOURN PRIDE
ELATION 1998	VOLENDAM	SAPPHIRE PRINCESS	bis 12 / 2005 COSTA TROPICALE ex Tropicale	ab 12 / 2005 PACIFIC STAR ex Costa Tropicale ex Tropicale	SEABOURN SPIRIT
PARADISE 1998	WESTERDAM	SEA PRINCESS ex Adonia	COSTA VICTORIA	**AIDA KREUZFAHRTEN**	**WINDSTAR CRUISES**
CARNIVAL TRIUMPH 1999	ZAANDAM	SUN PRINCESS	**COSTA CONCORDIA NEUBAU 06 / 2006**	AIDA AURA	WIND SONG
CARNIVAL VICTORY 2000	ZUIDERDAM	STAR PRINCESS	**COSTA SERENA NEUBAU 04 / 2007**	bis 03 / 2007 AIDA BLU ex A'Rosa Blu ex Crown Princess	WIND SPIRIT
CARNIVAL SPIRIT 2001	**"H A L TBN" NEUBAU 06 / 2008**	TAHITIAN PRINCESS ex R Four	**"Costa Concordia 3" NEUBAU 06 / 2009**	AIDA CARA	WIND STAR
CARNIVAL PRIDE 2001		**CROWN PRINCESS NEUBAU 06 / 2006**		AIDA VITA	WIND SURF
CARNIVAL LEGEND 2002		**EMERALD PRINCESS NEUBAU 04 / 2007**		**"AIDA T B N 1" NEUBAU 04 / 2007**	
CARNIVAL CONQUEST 2002		**"PRINCESS TBN" NEUBAU 09 / 2008**		**"AIDA T B N 2" NEUBAU 04 / 2008**	
CARNIVAL GLORY 2003				**"AIDA T B N 3" NEUBAU 04 / 2009**	
CARNIVAL MIRACLE 02 / 2004					
CARNIVAL VALOR 12 / 2004					
CARNIVAL LIBERTY				**SWAN HELLENIC CRUISES**	**OCEAN VILLAGE**

08 / 2005 **CARNIVAL FREEDOM NEUBAU 05 / 2006** **CARNIVAL SPLENDOR NEUBAU 04 / 2008** **"CARNIVAL TBN" NEUBAU 09 / 2009**	MINERVA II (C) ex R Eight	OCEAN VILLAGE ex Star Princess ex Arcadia ab 04 / 2007 ex AIDA BLU

ROYAL CARIBBEAN INTERNATIONAL		STAR CRUISES	
ROYAL CARIBBEAN CRUISES	**CELEBRITY CRUISES**	**STAR CRUISES**	**NORWEGIAN CRUISE LINE**
ADVENTURE OF THE SEAS	CELEBRITY XPEDITION ex Sun Bay	STAR PISCES ex Kalypso	**INDEPENDENCE**
BRILLIANCE OF THE SEAS	CENTURY	SUPERSTAR GEMINI ex Crown Jewel	**NORWAY** ex France
EMPRESS OF THE SEAS ex Nordic Empress	CONSTELLATION		NORWEGIAN CROWN ex Crown Odyssey
ENCHANTMENT OF THE SEAS	GALAXY	SUPERSTAR VIRGO	NORWEGIAN DAWN
EXPLORER OF THE SEAS	bis 11 / 2005 HORIZON	MEGASTAR TAURUS ex Lady Sarah ex Aurora II	NORWEGIAN DREAM ex Dreamward
GRANDEUR OF THE SEAS	INFINITY		NORWEGIAN JEWEL
JEWEL OF THE SEAS	MERCURY	MEGASTAR ARIES ex Lady Diana ex Aurora I	NORWEGIAN MAJESTY
LEGEND OF THE SEAS	MILLENNIUM		bis 09 / 2005 NORWEGIAN SEA ex Seaward
MAJESTY OF THE SEAS	SUMMIT	ab 09 / 2005 SUPERSTAR LIBRA ex Norwegian Sea	
MARINER OF THE SEAS	ZENITH		NORWEGIAN SPIRIT ex SuperStar Leo
MONARCH OF THE SEAS	**SOLSTICE NEUBAU 09 / 2008**		
NAVIGATOR OF THE SEAS			NORWEGIAN STAR
RADIANCE OF THE SEAS	**EQUINOX NEUBAU 06 / 2009**		NORWEGIAN SUN
RHAPSODY OF THE SEAS			NORWEGIAN WIND ex Windward
SERENADE OF THE SEAS			**S/S UNITED STATES**
SOVEREIGN OF THE SEAS			
SPLENDOUR OF THE SEAS			**NORWEGIAN PEARL NEUBAU 02 / 2007**
VISION OF THE SEAS			
VOYAGER OF THE SEAS			**NORWEGIAN GEM NEUBAU 10 / 2007**
FREEDOM OF THE SEAS			

	ISLAND CRUISES JOINT-VENTURE R C I & FIRST CHOICE	**ORIENT LINES**	**N C L AMERICA**
LIBERTY OF THE SEAS NEUBAU 04 / 2007	ISLAND ESCAPE ex Viking Serenade ex Stardancer / ex Scandinavia	MARCO POLO ex Alexandr Pushkin	PRIDE OF AMERICA
"Ultra Voyager 3" NEUBAU 04 / 2008			PRIDE OF ALOHA ex Norwegian Sky
"Genesis 1" NEUBAU 09 / 2009	ab 11 / 2005 ISLAND STAR ex Horizon		PRIDE OF HAWAII

NORWAY / UNITED STATES / INDEPENDENCE: Aufgelegt. Zukunft unbekannt.

TUI AG		NIPPON YUSEN KAISHA (NYK)	
HAPAG LLOYD KREUZFAHRTEN	THOMSON CRUISES	CRYSTAL CRUISES	NYK CRUISES
	THE EMERALD (C)		ASUKA II

BREMEN

C. COLUMBUS

EUROPA

HANSEATIC

ex Regent Rainbow

THOMSON CELEBRATION (C)
ex Noordam

THOMSON DESTINY (C)
ex Sunbird / ex Song of America

THOMSON SPIRIT (C)
ex Nieuw Amsterdam / ex Patriot

bis 12 / 2005
CRYSTAL HARMONY

CRYSTAL SYMPHONY

CRYSTAL SERENITY

ex Crystal Harmony

THE EMERALD: in Charter von Louis Cruise Line
THOMSON DESTINY: Einsatz ab Frühjahr 2005 in Charter von Louis Cruise Line
THOMSON SPIRIT: Einsatz ab Frühjahr 2005 in Sub-Charter von Louis Cruise Line

DISNEY CORP.	SAGA HOLIDAYS	FRED OLSEN	OCEANIA CRUISES
DISNEY CRUISE LINE	**SAGA CRUISES**	**FRED OLSEN CRUISES**	**OCEANIA CRUISES**
DISNEY MAGIC	SAGA ROSE ex Sagafiord	BLACK PRINCE	INSIGNIA (C) ex R One
DISNEY WONDER	SAGA RUBY ex Caronia ex Vistafjord	BLACK WATCH ex Star Odyssey ex Royal Viking Star ex Westward	REGATTA (C) ex R Two
	SPIRIT OF ADVENTURE ex Berlin	BOUDICCA ex Grand Latino ex Superstar Capricorn ex Golden Princess ex Birka Queen ex Sunward ex Royal Viking Sky	NAUTICA (C) ex R Five ex Blue Dream
		BRAEMAR ex Crown Dynasty	

SPIRIT OF ADVENTURE: bis Mitte 2006 als ORANGE MELODY in Sub-Charter an Metropolis Tur.

LOUIS ORGANISATION	MSC - MEDITERRANEAN SHIPPING COMPANY
LOUIS CRUISE LINES LTD	**MSC CRUISES**
CALYPSO ex Regent Calypso	MELODY
AUSONIA	MONTEREY
SAPPHIRE ex Italia / ex Ocena Princess / ex Sea Prince	MSC LIRICA
SERENADE ex Mermoz	MSC ARMONIA ex European Vision
PRINCESA CYPRIA	MSC OPERA
PRINCESA MARISSA	MSC SINFONIA ex European Stars
THE EMERALD	RHAPSODY
THOMSON SPIRIT ex Nieuw Amsterdam	MSC MUSICA
THOMSON DESTINY ex SUNBIRD ex Song of America	**MSC ORCHESTRA NEUBAU 04 / 2007**
SUNDREAM ex Song of Norway	**MSC POESIA NEUBAU 2008**
AQUAMARINE ex Nordic Prince	**MSC FANTASIA NEUBAU 06/ 2008**
PERLA ex Seawing ex Southward	**MSC SERENATA NEUBAU 03 / 2009**

SUNBIRD: bis Ende 2010 als THOMSON DESTINY verchartert an Thomson Cruises

THOMSON SPIRIT: 10 Jahres Charter/Kauf von Carnival Cruises. Bis Ende 2007 in Sub-Charter an Thomson Cruises
THE EMERALD: verchartert an Thomson Cruises

REGENT SEVEN SEAS CRUISES	SILVERSEA CRUISES	PETER DEILMANN KREUZFAHRTEN
RADISSON SEVEN SEAS CRUISES	**SILVERSEA CRUISES**	**PETER DEILMANN KREUZFAHRTEN**
PAUL GAUGIN (C) SEVEN SEAS MARINER SEVEN SEAS NAVIGATOR SEVEN SEAS VOYAGER (C)	SILVER CLOUD SILVER SHADOW SILVER WHISPER SILVER WIND	DEUTSCHLAND

PULLMANTUR CRUISES	PHOENIX SEEREISEN	TRANSOCEAN TOURS	HANSA KREUZFAHRTEN
R7 BLUE MOON ex Deplphin Renessance ex R Seven	MAXIM GORKIY (C) ex Hamburg ex Hanseatic ALBATROS (C) ex Royal Viking Sea ex Royal Odyssey ex Norwegian Star ex SuperStar Capricorn ex Crown ALEXANDER VON HUMBOLDT **(C)** ex Saga Pearl ex Minerva AMADEA ex Asuka	ASTOR (C) ex Fedor Dostojewski ASTORIA (C) ex Astor ex Arkona ab 04 / 2006 ARIELLE (C) ex Aquamarine ex Carousel ex Nordic Prince	DELPHIN (C) ex Belorussya ex Kazakhstan II PALOMA I (C) ex Dmitriy Shostakovich

ALEXANDER VON HUMBOLDT: ab Mai 2005 in 5-JahresCharter für jeweils Mai bis September. Im Winter als EXPLORER II für Aberkrombie & Kent.

DISCOVERY WORLD CRUISES	HOLIDAY KREUZFAHRTEN	PLANTOURS	DELPHIN KREUZFAHRTEN
DISCOVERY (C) ex Island Venture ex Island Princess ex Hyundai Pungak	MONA LISA (C) ex Kungsholm ex Sea Princess ex Victoria LILI MARLEEN ex Cunard Countess ex Olympia Countess ex Ocean Countess	VISTAMAR (C)	bis 21.05.2006 DELPHIN RENAISSANCE (C) ex R SEVEN ab Mai 2007 DELPHIN VOYAGER (C)

Quelle: http://www.cruzship.de